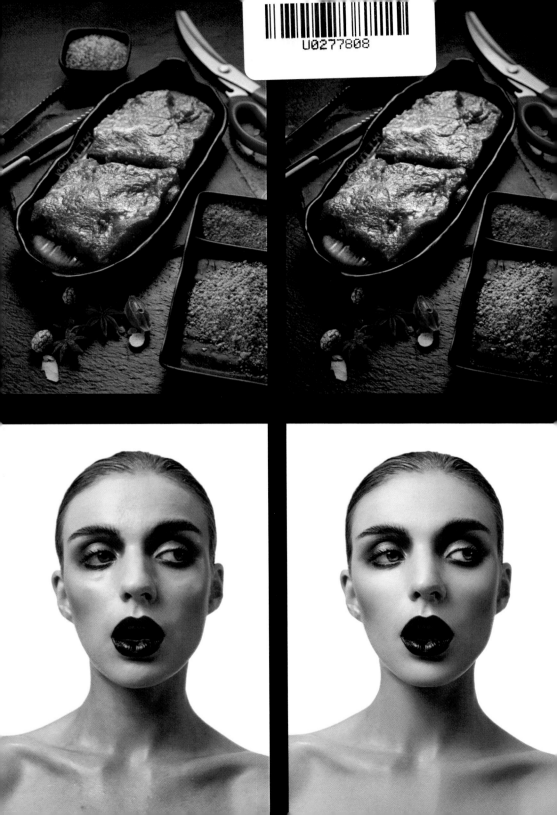

BEYOND
WONDERLAND
Photoshop
synthesis

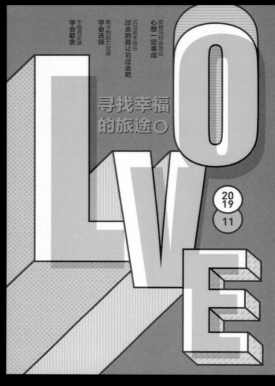

KEEP
RUNNING

We Provide The Best
Care For Your Pets

In addition to scientific maintenance and never abandon, the happiness of pets in their life is more based on their parents' understanding of them. Learn more about pet behavior and everyone can become a pet expert.Rigorous, designed for pet diagnosis and treatment procedures and techniques are the patron saint of pet welfare.

LEARN MORE

Adobe Photoshop
国际认证培训教材

Adobe 中国授权培训中心　主编　　　　周燕华　曾宽　钟星翔　李妙雅　编著

人民邮电出版社

北　京

图书在版编目（CIP）数据

Adobe Photoshop 国际认证培训教材 / Adobe中国授权培训中心主编；周燕华等编著. -- 北京：人民邮电出版社，2020.6
ISBN 978-7-115-53574-0

Ⅰ. ①A… Ⅱ. ①A… ②周… Ⅲ. ①图象处理软件—教材 Ⅳ. ①TP391.413

中国版本图书馆CIP数据核字(2020)第047339号

内 容 提 要

本书是 Adobe 中国授权培训中心官方教材，针对 Photoshop 初学者深入浅出地讲解了软件的使用技巧，并用实战案例进一步引导读者掌握软件的应用方法。

全书以 Photoshop 2020 版本为基础进行讲解：第 1 课讲解了 Photoshop 的应用和学习方法，以及 Photoshop 的下载和界面；第 2 课讲解了图片的基础知识和常用操作；第 3 课讲解了图层的相关知识与应用；第 4 课讲解了选区的相关知识与应用；第 5 课讲解了蒙版的相关知识与应用；第 6 课讲解了调色的相关知识与应用；第 7 课讲解了修图的相关知识与应用；第 8 课讲解了通道的相关知识与应用；第 9 课讲解了合成的相关知识与应用；第 10 课讲解了如何使用图形工具组与图层样式来制作图形、图标；第 11 课讲解了如何利用文字工具打造图文结合的作品；第 12 课讲解了数字绘画的基础知识、工具的使用技巧，以及数字绘画的一般流程和方法；第 13 课讲解了 Web 设计的行业知识、设计规范，并通过 1 个综合案例讲解了 Web 设计的一般流程和方法，以及 App 界面、Banner、详情页的拓展知识；第 14 课讲解了动画和视频的相关知识与应用；第 15 课讲解了动作和批处理的相关知识与应用；第 16 课讲解了提升创意的方法和打造创意海报的一般流程。每一课的最后都附有认证考试的模拟题，并布置了作业，用以检验读者的学习效果。

本书附赠视频教程、讲义，以及案例的素材、源文件和最终效果文件，以便读者拓展学习。

本书适合 Photoshop 的初、中级用户学习使用，也适合作为各院校相关专业学生和培训班学员的教材或辅导书。

◆ 主　　编　Adobe 中国授权培训中心
　　编　　著　周燕华　曾　宽　钟星翔　李妙雅
　　责任编辑　赵　轩
　　责任印制　马振武
◆ 人民邮电出版社出版发行　　北京市丰台区成寿寺路 11 号
　　邮编　100164　　电子邮件　315@ptpress.com.cn
　　网址　https://www.ptpress.com.cn
　　北京捷迅佳彩印刷有限公司印刷
◆ 开本：787×1092　1/16　　　彩插：2
　　印张：20.25　　　　　　　　2020 年 6 月第 1 版
　　字数：448 千字　　　　　　2024 年 9 月北京第 9 次印刷

定价：99.00 元
读者服务热线：(010)81055410　印装质量热线：(010)81055316
反盗版热线：(010)81055315
广告经营许可证：京东市监广登字 20170147 号

编委会名单

主　编： Adobe 中国授权培训中心

编　著： 周燕华　　曾　宽
　　　　　钟星翔　　李妙雅

编委会： 李　鹏　马　乐　杨　曦
　　　　　莫殿霞　刘　涛　司　远
　　　　　尚　航　柏　松　霍岩岩
　　　　　岳厚云　林　海　肖一倩
　　　　　倪　栋　仇　浩　王永辉
　　　　　刘春雷　汪兰川　郝　鹏
　　　　　叶舒飏　王　涵

参　编： 安　麒　李　旭
　　　　　魏星晨　齐冬梅

致谢

创作一本图书的过程是艰辛的。

感谢本书的作者，利用宝贵的时间来完成本书的编写和视频的录制，这是一件很不容易的事情。

感谢本书的组稿团队成员，他们同样付出了很多心血来完成本书。

感谢编辑团队对本书结构、文字的反复推敲，精益求精。

感谢本书的设计师Phia，她为提升阅读体验做出了巨大的贡献。

从超越空间与时间的角度来观察数字艺术行业是非常有趣的。数字艺术作为产业经济中的辅助支持性行业，在新型数字经济生产力下的具体形态和实践中，为经济转型和社会进步提供了极其重要的载体、工具与手段。它不但发展了创意设计本身，也推动和促进了传统社会与经济的价值链、传播链的进化。

20世纪60年代发展并成熟起来的新媒体艺术，为艺术家全方位地进行创作提供了新的平台，在90年代末步入全新的数字艺术阶段。在全球，数字艺术的蓬勃发展引领了新一轮的艺术潮流，毫无疑问，数字艺术产业是21世纪知识经济产业的核心产业。在美国，近几年的电脑动画及其相关影像产品的销售每年获得了上百亿美元的收益；在日本，媒体艺术、电子游戏、动漫卡通等作品已经领先世界，数字艺术产业成为日本的第二大产业；在韩国，数字内容产业已经超过汽车产业成为第一大产业。窥一斑而览全豹，通过上述的数字，我们可以看到数字艺术广阔的发展前景！

在这个过程中，Photoshop记录着大时代变迁的步伐，融入数字经济发展的脉搏。Photoshop不仅与这个时代共同成长，实际上它已经成为这个时代重要的一部分，数字艺术行业随着互联网行业的发展在快速精进、迭代，今天也正在成为数字经济蓬勃发展进程中一股强大的助推力量。

很多人对"创意设计"有误解，认为它是少数天才与生俱来的能力。其实，创意设计是一整套系统性的、上下认可的完整方案。本书以"专业知识和软件技术深度融合、讲解和练习并重、帮助读者解决实际问题"为宗旨，组织多位专家进行编写，博采众长，融合提炼。本书不仅从经典的理论中汲取了养分，还总结了创意设计行业的实践经验。

郭功清

Adobe 中国授权培训中心 总经理

随着数字艺术浪潮波澜壮阔地展开，人机交互、万物互联、人工智能等相关技术迅猛发展、迭代升级，我们进入了一个崭新的时代。企业业务正在不断转型，而创意作为推动转型的核心动力，创意和设计主导型思维在企业的发展和转型中发挥着越来越重要的作用。Adobe致力于在这一过程中帮助品牌打造最具吸引力、个性化和恰当及时的客户体验。

Adobe的 Photoshop作为数字艺术的推动者和尖兵，经历了三十余年的风风雨雨，探索、开拓、创新，为创作者提供了专业、稳定、强大的数字艺术创作工具，始终屹立于浪潮之巅。

1988年，Photoshop 1.0发布的时候，我们还在使用胶片相机拍摄照片，随着数码相机快速普及、出版印刷行业逐渐衰落、互联网高速发展，至今Photoshop已更新迭代了20多个版本。Photoshop能够非常完美地处理图片、实现创意，而且能够与Adobe系列其他软件紧密协作。譬如，Photoshop生成的psd文件在InDesign中依然可以保持图片的可编辑性，极大地提高了设计师的工作效率；将Photoshop创作的静态图像，置入到After Effects中，可以实现动态化的设计。可以说，几乎在所有的工作场景中，Photoshop都是必要的。

本书内容翔实，作者经验丰富，所提供的教学内容包含了Photoshop的核心知识，设计的基础知识，以及大量的教学案例视频，能够将读者真正带入奇妙的Photoshop世界。希望本书的出版能够帮助更多的Photoshop用户实现自己的奇思妙想。

曾宽

Amazing 7 创始人

软件介绍

　　Photoshop是Adobe公司推出的一款图像处理软件。摄影师可以用Photoshop对照片进行调色、修复、美化人物皮肤和形体等；平面设计师可以用Photoshop设计海报、广告等视觉作品；插画师可以用Photoshop绘制数字绘画作品；网页设计师可以用Photoshop绘制图形、图标，设计网页的视觉效果……Photoshop拥有强大的图层、选区、蒙版、通道等功能，可以用来完成专业的调色、修图、合成、音视频组合等工作，创作出震撼人心的视觉效果。

　　本书是基于Photoshop 2020编写的，建议读者使用该版本软件，如果读者使用的是其他版本的软件，也可以正常学习本书所有内容。

内容介绍

　　第1课"走进神奇的Photoshop世界"通过多个作品讲解了读者使用Photoshop可以做什么，还讲解了高效学习Photoshop的方法，最后带领读者下载Photoshop并认识其界面。

　　第2课"图片的基础知识与常用操作"讲解了Photoshop中图片文件格式、像素与分辨率、颜色模式等基础知识，以及打开文件、使用缩放工具、使用自由变换功能、使用画笔和橡皮擦工具等常用操作。

　　第3课"图层——将对象分离"通过多个案例讲解了Photoshop中图层的基础操作、图层间的关系和保存图层。

　　第4课"选区——快速、精准地选中对象"讲解了Photoshop中用于创建选区的各种工具和两种类型的抠图（做选区）方法，并通过多个典型案例巩固所学内容。

　　第5课"蒙版——遮挡、融合、精细化调整"讲解了蒙版的原理、基础操作，并通过3个典型的蒙版应用案例巩固所学内容。

　　第6课"调色——还原真实色彩和色彩美化"讲解了色彩的基础知识和Photoshop调色工具的使用方法，并通过颜色校正、干净通透色调、复古色调、时尚大片色调4个典型的调色案例巩固所学知识。

　　第7课"修图——人像、产品的修复与美化"讲解了修图的基础知识和Photoshop修图工具的使用方法，并通过人物形体修饰、人物面部修饰和产品修饰3个典型修图案例巩固所学知识。

　　第8课"通道——色彩和选区的视觉呈现"讲解了通道的基本概念、工作原理，并通过通道的典型案例巩固所学知识。

　　第9课"合成——创造想象中的画面"通过案例解析、关键技能训练、综合案例演练讲解了使用Photoshop进行创意合成的关键入门知识。

第10课"图形工具组与图层样式——图形、图标的创作"讲解了图形工具组的用法、图层样式的基础知识、样式和混合选项的作用，以及图层样式的综合运用，并通过多个案例反复练习巩固所学知识。

第11课"文字——图文结合"讲解了文字设计的基础知识、文字工具的使用技巧和段落设置，并通过4个案例讲解了文字工具与其他工具或功能的结合应用，再通过1个综合案例巩固所学知识。

第12课"数字绘画入门"讲解了造型、色彩、构图、透视、光影、肌理等绘画基础知识，并结合多个案例讲解Photoshop的绘画技法。

第13课"Web设计入门"讲解了Web设计的行业知识、设计规范，并通过1个综合案例讲解了Web设计的一般流程和方法，还讲解了App界面、Banner、详情页的拓展知识。

第14课"动画与视频——让画面动起来"讲解了时间轴的使用方法，并通过3个应用案例巩固制作动画和视频的流程与技巧。

第15课"动作和批处理"通过实际案例讲解了动作的创建与编辑，以及使用批处理的要点。

第16课"创意海报"讲解了提升创意的方法和打造创意海报的一般流程。

本书特色

本书内容循序渐进，理论与应用并重，能够帮助读者从零基础入门到进阶提升。此外，本书有完整的课程资源，还在书中融入了大量的视频教学内容，使读者可以更好地理解、掌握与熟练运用Photoshop。

二维码

本书在学习体验上进行了精心的设计。仔细讲解了每一个案例的操作要点，理解操作的原理后，扫描书中对应的二维码即可观看详细的操作教程。

理论知识与实践案例相结合

本书针对调色、修图、合成、图形与图标创作、文字设计、数字绘画、Web设计等具体的图像处理工作，先讲解相关工作必备的理论知识，再通过实践案例加深读者理解，让读者真正做到知其然，知其所以然。

资源

本书配套资源丰富，包括视频教程、讲义、案例素材、源文件及最终效果文件。视频教程与书中内容相辅相成、相互补充；讲义可以使读者快速梳理知识要点，也可以帮助教师制定课程教案。

作者简介

周燕华：平面设计师，Adobe畅销图书作者，专注于平面创意、版式设计、插画等领域，有15年设计工作经验，长期服务于人民邮电出版社、电子工业出版社。

曾宽：资深视觉设计师、Amazing 7创始人、站酷推荐设计师，为多家品牌提供视觉创意服务，服务客户包括NIKE、瑞士名士手表、雅迪电动车、北汽、原麦山丘、龙湖地产、奔驰、今日头条、卓展集团等。

钟星翔：资深平面设计师，中国最早的Phtoshop使用者之一，Adobe专家委员会成员，主要从事印刷品设计工作，策划并编写多本设计相关图书。

李妙雅：平面设计师，主要从事电商运营设计，有8年设计艺术相关教学经验。

读者收获

学习完本书后，读者可以熟练地掌握Photoshop的操作方法，还将对调色、修图、合成、图形和图标设计、数字绘画、Web设计等工作有更深入的理解。

本书在编写过程中难免存在错漏之处，希望广大读者批评指正。如果读者在阅读本书的过程中有任何建议，都可以发送电子邮件至zhangtianyi@ptpress.com.cn联系我们。

编者

2020年2月

本书导读

本书以课、节、知识点和案例对内容进行了划分。

课　每课将讲解具体的功能或项目。

节　将每课的内容划分为几个学习任务。

知识点　将每节内容的理论基础分为几个知识点进行讲解。

案例　对该课或该节知识进行练习。

二维码　使用书和视频配合学习，可以达到更好的效果。书中含有大量二维码，用于观看视频。视频类型可分为案例视频和本节回顾。

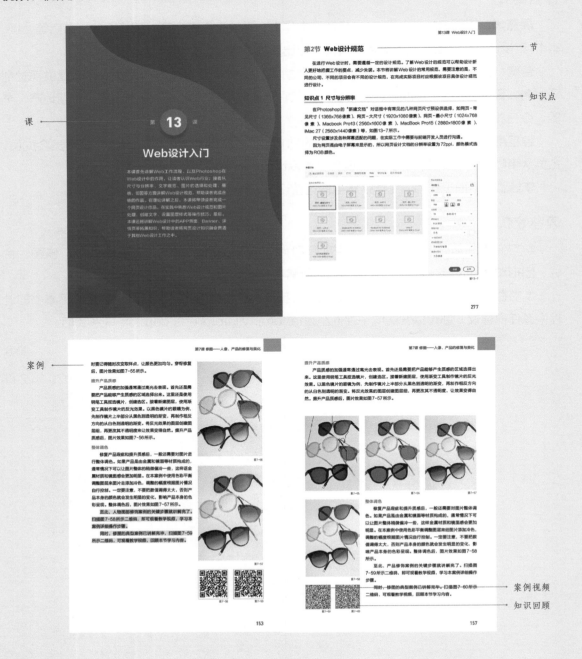

本章模拟题 认证考试模拟题包含题目、参考答案和解析，帮助读者巩固所学知识，同时备考 Adobe 技能证书。

作业 作业均提供详细的作品规范、素材和要求，帮助读者检验自己是否能够灵活掌握并运用所学知识。

本章模拟题 ————

答案解析 ————

参考答案 ————

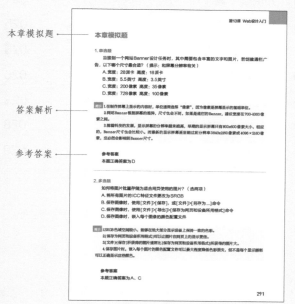

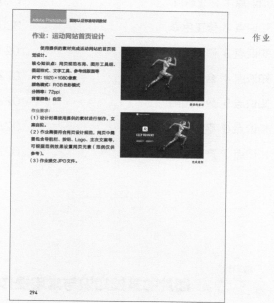

———— 作业

资源获取

扫描售后服务群二维码，加入本书服务群，即可获取本书配套资源，还能获取免费字体、动作等设计资源。

售后服务群二维码

目录

目录

第 6 课　调色——还原真实色彩和色彩美化

第 7 课　修图——人像、产品的修复与美化

目录

第 **14** 课 动画与视频——让画面动起来

第 **15** 课 动作和批处理

第 **16** 课 创意海报

本书为各院校及培训机构的相关专业老师提供了本书讲解的课时建议，以便帮助老师们制作相关的课程计划。

课程名称	Photoshop 基础入门课程		
教学目标	使学生能够熟练掌握Photoshop软件的基本操作和各种工具的使用，并能够利用软件处理简单的图像，以及创作出合格的平面作品。		
总课时	64	总周数	8

课 时 安 排

周次	建议课时	教学内容	作业
1	8	第 1 课 走进神奇的 Photoshop 世界 第 2 课 图片的基础知识与常用操作 第 3 课 图层——将对象分离	2
2	8	第 4 课 选区——快速、精准地选中对象 第 5 课 蒙版——遮挡、融合、精细化调整 第 6 课 调色——还原真实色彩和色彩美化	3
3	8	第 7 课 修图——人像、产品的修复与美化	1
4	8	第 8 课 通道——色彩和选区信息的视觉呈现 第 9 课 合成——创造想象中的画面	2
5	8	第 10 课 图形工具组与图层样式——图形、图标的创作	1
6	8	第 11 课 文字——图文结合 第 13 课 Web 设计入门	2
7	8	第 12 课 数字绘画入门	1
8	8	第 14 课 动画与视频——让画面动起来 第 15 课 动作和批处理 第 16 课 创意海报	3

第 **1** 课

走进神奇的
Photoshop世界

本课通过多个精彩案例，向读者展示Photoshop在瑕疵修正、色彩修正、人像修饰、图像合成、数字绘画等方面的强大实力；并将Photoshop的学习方法概括为"看、思考、临摹、创作"4个步骤，帮助读者提升学习效率。在正式开始讲解软件技能前，本课还将带领读者下载软件及认识界面。

第1节 Photoshop能做什么

Photoshop是一款强大的图像处理软件，那么使用Photoshop具体可以做些什么？下面就来详细地看一看。

知识点 1 修正瑕疵

使用Photoshop可以修正照片上的瑕疵，如图1-1所示，旅游中拍歪了的照片，可以使用Photoshop裁剪工具的拉直功能把它调正。

图1-1

有的图片存在一些脏点或不美观的地方，可以使用Photoshop污点修复画笔等工具来修复，如图1-2所示。

图1-2

知识点 2 修正色彩

使用相机记录美食，却因光线等问题拍出令人毫无食欲的照片，这时候该怎么办呢？使用强大的Photoshop调色功能，可以调整图像的冷暖色调，还原食物真实的质感，如图1-3所示。

图1-3

知识点3 修饰人像

Photoshop最为人所知的功能就是人像修饰。使用Photoshop可以轻松提升人物的"颜值"。无论是塑造更加迷人的身材，还是打造细腻光滑的皮肤，使用Photoshop都可以轻松完成，如图1-4和图1-5所示。

图1-4

图1-5

知识点4 合成图像

Photoshop可以把人们头脑中的奇思妙想变为现实。只需要收集合适的素材，再运用抠图、调色、修图等技术，在Photoshop中就能打造出梦幻的合成效果，如图1-6所示。

知识点5 数字绘画

使用Photoshop来进行数字绘画，可以轻松地调整画面，给画面增加纹理细节，如图1-7所示。对每个热爱数字绘画的人而言，Photoshop是打造一流作品的利器。

图1-6

图1-7

知识点 6 平面设计

除了服务于人们的生活和爱好，Photoshop还可以成为人们工作的好帮手。

使用Photoshop可以将文字和图像进行结合，创作出海报、Banner等平面设计作品，如图1-8所示。

图1-8

知识点 7 产品修饰

Photoshop可以服务于产品的宣传。使用Photoshop修图，可以增添图像的质感，制作出更吸引消费者的产品展示图，如图1-9所示。

图1-9

此外，Photoshop还有很多有趣的功能，本书将在后面的课程中陪伴读者一起探索。

至此，关于Photoshop能做什么的内容已讲解完毕。扫描图1-10所示二维码，可观看教学视频，回顾本节学习内容。

图1-10

第2节 如何学习Photoshop

毫无疑问，Photoshop非常强大，不过有些人也会因为Photoshop的强大而犹豫，担心Photoshop学起来会很困难。不用担心，只要掌握正确的方法，Photoshop学起来一点都不难。

Photoshop只是一个实现想法、创意的工具，学会工具的使用方法并不困难，只需要反复练习就可以了。但是，学会使用软件后，很多人依然做不出好看的作品——这就是学习Photoshop的难点所在。

那么，如何提升创作作品的能力呢？

只需要坚持如图1-11所示的看、思考、临摹、创作4个步骤的循环练习就可以了。

图1-11

知识点 1 看

看就是看大量优秀的作品。

去哪里看？在图1-12所示的站酷网、花瓣网等设计网站上可以轻松地找到优秀的作品。

在这一步中，练习的关键是"大量"。因为人的审美会被平时所看的东西影响，所以只有看过大量美的东西，审美才会得到提升。看作品时不要只关注自己感兴趣的领域，而要看各种各样优秀的作品，如图1-13所示。

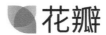

图1-12

图1-13

知识点 2 思考

思考就是看到一幅好的作品时，思考它究竟好在哪里。

看到好的作品时，可以分析作品的构图、色彩搭配等，还可以从设计的细节进行分析。如看到图1-14，可以分析其在文字方面做了怎样的设计，可以思考它背后的创意，还可以去检查作品的抠图、修图细节是否做得足够好。在分析作品的同时，也需要思考自己的技术水平还有哪些地方需要提升。

知识点 3 临摹

临摹就是动手去将好的作品还原出来。在刚开始临摹的时候，有人可能会苦恼于找不到好的素材。针对这个问题，可以先在图1-15所示的虎课网、腾讯课堂等网络学习平台进行案例课程的学习。这些平台的案例课程会同步发布素材，使用这些素材就可以开始临摹练习了。等渐渐掌握了找素材的方法后，看到好的作品后就可以自己去进行二次设计了。

在临摹的过程中，可以反复练习软件技术。要记住，只有量的积累，才能实现质的飞跃。

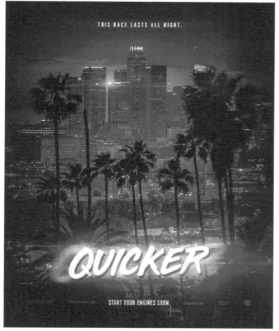

图1-14

图1-15

知识点 4　创作

创作阶段需要找到一些真实的项目来实践。

对于新手来说，自己命题创作通常比较困难，因此，在刚开始的时候可以去参加一些比赛项目。如果还处于学生阶段，可以参加如图1-16所示的大广赛、AATC系列创意大赛等。

图1-16

在图1-17所示的UI中国、站酷网等设计网站上也有很多商业比赛。这些商业比赛是网站与企业联合举办的，通常都有特定的主题和宣传的需求，跟真实的项目非常贴近。

图1-17

当软件技能熟练后，还可以在如图1-18所示的猪八戒网、淘宝网等网站接单，做真实的项目。

图1-18

至此，关于如何学习Photoshop的内容已讲解完毕。扫描图1-19所示二维码，可观看教学视频，回顾本节学习内容。

图1-19

第3节　下载Photoshop并认识界面

在正式学习Photoshop技能前，需要下载软件，并且认识软件的界面，包括认识各个功能区的名称、位置和主要用途。认识界面后，可以在后续的学习中更快地找到对应的操作位置，提升学习的效率。

知识点 1　下载 Photoshop

Photoshop几乎每年都会进行一次版本的更新迭代，更新的内容包括部分功能的优化和调整，以及增加一些新功能等。因此，建议大家下载较新版本的Photoshop软件，这样可以体验到更多新技术和新功能。

本书基于Photoshop 2020版进行讲解，建议初学者下载相同的版本来进行同步的练习。

下载Photoshop的方法很简单，只需要登录如图1-20所示的Adobe官方网站，然后找到"支持与下载"栏目，在该栏目就可以下载正版Photoshop软件了。

下载软件后，根据安装文件的提示，一步一步地进行软件安装即可。

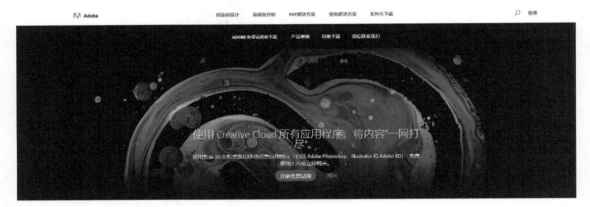

图1-20

知识点2 认识界面

安装好软件后，打开软件便会看到Photoshop工作界面。在新建或打开一个文件后，可以看到如图1-21所示的工作界面。

图1-21

菜单栏

菜单栏位于软件界面的最上方，其中包含了Photoshop所有的功能。

工具箱

工具箱位于软件界面左侧，包含了Photoshop中的常用工具。在选择工具箱中的工具后，一般需要在工作区进行操作。

属性栏

属性栏位于菜单栏的下方，主要用于调整工具或对象的属性。在选择不同的工具后，属性栏会有相应的变化。

面板区

面板区位于软件界面的右侧，在初始状态下，面板区一般会有颜色、属性、图层等多个常用面板。

工作区

工作区位于软件界面的中心，是面积最大的区域，这个区域会呈现图像的效果，是工具操作的区域。

提示 使用窗口菜单，还可以打开更多面板。若需要关闭某些不常用的面板，可以单击面板右上角的菜单按钮，选择"关闭"，如图1-22所示。

　　对新手来说，这里容易发生误操作——不小心移动或关闭一些面板。若发生误操作，可以对工作区进行还原。Photoshop初始工作区的名称是基本功能工作区，其恢复方法为，执行"窗口-工作区-复位基本功能"命令。

图1-22

　　至此，关于下载Photoshop和认识界面的内容已讲解完毕。扫描图1-23所示二维码，可观看教学视频，回顾本节学习内容。

图1-23

第 **2** 课

图片的基础知识与
常用操作

本课主要解决初次接触Photoshop时新人必然面对的
基本操作问题，如打开并查看文件、保存文件、新建
文件等操作，以及图片格式类型、像素与分辨率、颜
色模式等概念，并从自由变换、画笔和橡皮擦工具、
更改图像尺寸等操作中讲解Photoshop实际应用场景
和技巧，让读者轻松上手Photoshop。

第1节 打开并查看文件

　　下载并安装好Photoshop后，可以通过打开文件，并使用缩放工具、抓手工具、移动工具等查看文件来完成Photoshop的初体验。

知识点1 打开文件

　　在Photoshop中打开文件的方式有很多，下面将介绍常用的几种。

打开文件的方式

　　打开Photoshop，在软件的初始界面左侧有两个按钮——"新建"按钮和"打开"按钮。单击"打开"按钮，在弹出的"打开"对话框中选择要打开的文件，单击"打开"按钮即可，如图2-1所示。

图2-1

　　执行"文件-打开"命令也能打开文件。打开一个PSD格式的文件，界面如图2-2所示。

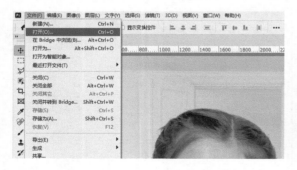

图2-2

　　还可以将文件拖曳至软件中打开。这种打开文件方法的具体操作是：将选中的文件从文件夹拖曳到Photoshop菜单栏或属性栏的位置，然后释放鼠标左键即可打开文件。注意，这种方式很容易发生误操作，如果拖曳时不小心在已经打开的文件中释放鼠标左键，那么这张图片将会置入已经打开的图片之中。如果发生误操作，可以按键盘上的Esc键撤销操作。

打开文件的类型

　　JPG格式是人们日常接触得最多的图片格式，PSD格式是Photoshop自带的源文件格式，它们之间最大的区别就是，PSD格式可以保存图层。以打开的同一张小女孩图片为例，JPG格式图片只有一个图层，而PSD格式图片有3个图层，如图2-3所示。

　　PSD格式文件涉及透明的概念。把背景图层隐藏后，可以看到小女孩图层的空白区域有很多白灰相间的格子，这样的格子在Photoshop中就代表透明的意思。说到透明，就不得不提到PNG格式。PNG格式是一种可以存储透明的图片格式，如图2-4所示。

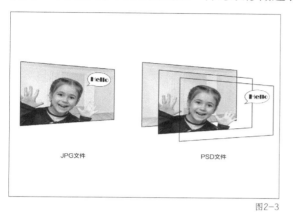

图2-3

图2-4

　　Photoshop中还可以打开动态GIF格式图片。想要查看GIF图片的动态效果，可以执行"窗口-时间轴"命令，单击时间轴面板上的播放按钮，如图2-5所示。

图2-5

　　除此以外，Photoshop还可以打开RAW格式图片。RAW格式是相机的原始数据格式，可以最大程度保留图像的数据。在Photoshop中打开RAW格式图片，会先进入Camera Raw界面，在此可以先对图片进行简单的处理，然后单击"打开图像"按钮，即可在Photoshop中打开这张图片，如图2-6所示。

注意，RAW格式是相机原始数据格式的统称，不同品牌相机的文件名后缀会有所不同，如图2-6所示，CR2是佳能相机的文件类型，尼康相机文件类型的后缀名为NEF。

图2-6

知识点2 缩放工具

使用工具箱中的缩放工具可以查看图片的细节。单击工具箱中的放大镜图标可选中缩放工具，如图2-7所示。想要放大图片以便查看细节，可以直接在画布上单击想要放大的位置，或在想要放大的位置按住鼠标左键并向上拖曳。想要缩小图片，可以按住键盘上的Alt键，当鼠标光标的加号变为减号时，单击画布，也可以按住鼠标左键并向下拖曳。

在图片放大的情况下，如果想要快速浏览全图，可以按快捷键Ctrl+0将图片按照屏幕大小进行缩放。如果想要查看图片的原图大小，可以双击缩放工具按钮，将图片以100%比例显示，如图2-8所示。

图2-7

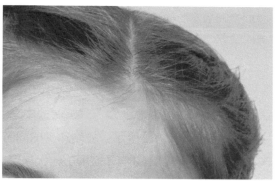

图2-8

知识点3 抓手工具

图片放大后，如果想要看图片的其他区域，可以使用抓手工具。抓手工具在工具箱中，是一个手形的按钮，如图2-9所示。单击该按钮，即可使用抓手工具拖曳图片，改变图片在屏幕上显示的位置。在使用其他工具的状态下，按住空格键可以快速切换到抓手工具。将缩放工具和抓手工具结合起来使用可初步判断图片的质量。

图2-9

判断图片质量的方法之一，就是看图片是否有脏点。如果一张图片的压缩程度过大，画面上就会出现脏点。放大图片的同一个位置，质量高的图片的像素边缘锐利清晰，而高压缩的图片的像素边缘会出现脏点，如图2-10所示。

图2-10

知识点4 移动工具

移动工具是工具箱中的第一个工具，如图2-11所示。选中图层后，使用移动工具即可对图层内容进行移动。在使用移动工具的情况下，按住Shift键的同时拖曳对象，可以将对象垂直或水平移动。

> **提示** 较新版本的Photoshop中具有智能参考线功能。开启智能参考线功能后，在移动对象的过程中，画面上将自动出现一些参考线，帮助对象之间进行对齐和排列。

这里还有一个关于移动工具的小技巧。在图2-11中，如果想要把开朗的小女孩变成一个话痨的小女孩，可以怎么做？只需要选中文字泡图层，按住Alt键移动对象，即可复制多个文字泡，效果如图2-12所示。复制对象的同时，图层也会被复制。在操作的过程中，如果出现失误，可以按快捷键Ctrl+Z撤销前一步操作。

图2-11

图2-12

知识点 5 保存文件

处理完文件后，需要对文件进行保存。保存文件的操作是执行"文件－存储"命令或按快捷键Ctrl+S。在系统弹出的"另存为"对话框中可以设置文件名称、保存位置和格式等，如图2-13所示。

保存文件时，需要养成良好的文件命名习惯，根据文件的内容或主题来命名，这样便于对文件进行整理。

图2-13

如果需要保存带图层的文件，可以将文件的保存类型设置为PSD；如果需要保存图片的透明背景，可以将文件的保存类型设置为PNG；如果只需要将文件存储为普通的位图，将文件的保存类型设置为JPG即可。

在软件操作过程中，还要养成随手保存的好习惯，经常按快捷键Ctrl+S保存文件，这样可以避免意外丢失文件的情况。

至此，打开和查看文件已讲解完毕。扫描图2-14所示二维码，可观看教学视频，回顾本节学习内容。

图2-14

第2节 自由变换

自由变换功能用于放大、缩小和改变形状。

当一张图片被拖入画布后，通常需要将其缩放至合适的大小。使用透视、变形等功能，还可以让图片与画面自然融合。在实际应用中，自由变换功能被使用得非常频繁。如平面设计师会使用自由变换将作品放到样机中展示给客户；商业摄影师也需要用到自由变换功能修饰人像和产品。

自由变换功能在编辑菜单中，如图2-15所示，快捷键是Ctrl+T。在打开的练习文件中选中"图层1"图层，使用快捷键Ctrl+T即可让该图层进入自由变换状态，如图2-16所示。

图2-15

图2-16

进入自由变换状态后，拖曳8个控点的位置即可将对象等比例放大、缩小。注意，在Photoshop CC 2019以前的版本中，需要按住Shift键再拖曳控点，才能实现对象的等比例放大、缩小。而在CC 2019版本和2020版本中，按住Shift键再拖曳控点将对对象进行不等比例的放大、缩小。

自由变换对象的过程中，如果操作出现失误，可以按Esc键退出；如果满意调整结果，可以按回车键或单击属性栏上的对钩按钮确定变换效果。如果想让对象基于图像中心进行放大、缩小，可以按住Alt键再拖曳控点。在自由变换的状态下，将鼠标光标移至4个角的控点外侧时，鼠标光标将变为带弧度的箭头，这时可对对象进行旋转。

使用自由变换时，在对象上单击鼠标右键，还可以在弹出的菜单中选择"透视、变形、旋转180度、顺时针旋转90度、逆时针旋转90度、水平翻转、垂直翻转"等操作。扫描图2-17所示二维码，可观看使用自由变换的教学视频。

图2-17

提示 每一次使用自由变换都会改变图像的像素，图像清晰度经过多次自由变换后会下降，这个时候可以将需要进行多次自由变换的图层转换为智能对象。智能对象相当于图片的保护壳，可以将图像的像素保护起来。对智能对象进行多次自由变换，其清晰度也不会下降。

需要注意的是，图层转化为智能对象后，无法使用画笔等工具直接对像素编辑。如果想要对智能对象图层进行编辑，需要选中智能对象图层，单击鼠标右键，在弹出的菜单中选择"栅格化图层"选项，这样图层就能转换为普通的像素图层了。

知识点 1 缩放

利用自由变换的缩放功能可以将风景照片放到相框中，查看其展示效果。

首先打开图2-18，选中移动工具，将其拖动复制到图2-19所示的相框素材中。然后选中风景画图层，按快捷键 Ctrl+T 对其进行缩放，放大到合适的尺寸并调整位置后，按回车键，完成效果如图2-20所示。

图2-18   图2-19   图2-20

知识点 2 透视

将图片进行贴图展示时，不仅会制作正面角度的展示图，也会制作一些带透视的展示图。图2-21是一张已完成的广告海报，如果想将其贴到一个实地场景中，查看其实际展示效果，就需要运用自由变换来改变其透视。

首先使用移动工具，将海报拖动复制到如图2-22所示的背景素材中，接着按快捷键 Ctrl+T 进行缩放，将海报大致对准需要贴图的位置后，再按住 Ctrl 键并拖曳4个控点的位置。更改好透视后，按回车键，实地场景贴图的效果如图2-23所示。

图2-21   图2-22   图2-23

知识点 3 变形

在实地场景贴图中，还有可能遇到图2-25所示的带弧度的贴图位置，在这种情况下，就需要用到自由变换的变形功能。

首先打开图2-24所示的文件，使用移动工具将其移动复制到如图2-25所示的背景素材中，然后使用自由变换对其进行缩小，再按住Ctrl键并拖曳4个角的控点对准广告牌的4个角。对准4个角以后，再单击鼠标右键，在弹出的菜单中选择"变形"选项，把图片的边缘向上拖曳，将其贴近带弧度的边。对下面的一条边也采用同样的操作。调整好位置后，按回车键，这样带弧度的场景贴图就完成了，效果如图2-26所示。

图2-24

图2-25

图2-26

知识点4 旋转

使用自由变换的旋转功能，在只有一个素材的情况下，也能做出不单调的画面。

打开如图2-27所示的文件，选中柠檬图层，使用移动工具，按Alt键复制一个柠檬，然后将复制出来的柠檬进行自由变换，调整其大小、角度、位置等。重复上述步骤，将复制出来的柠檬分组错落摆放，这时图层面板如图2-28所示。注意，复制出的柠檬跟中心的柠檬之间要保持一定的距离，有留白的画面才不至于显得太满。到这里画面就已经变得丰富了。为了突出画面的主体，还需要将复制出来的柠檬做一些调整。在"图层"面板中，按住Shift键可以选择连续的多个图层。这里将复制出来的柠檬图层全部选上，如图2-29所示，然后调整其不透明度，让这些柠檬看起来没有那么清晰，从而突出主体，海报完成效果如图2-30所示。

图2-27

图2-28

图2-29

图2-30

扫描图2-31所示二维码，可观看使用旋转功能制作柠檬海报的详细操作教学视频。

图2-31

知识点5　翻转

使用自由变换中的翻转功能，可以给对象制作倒影，以此增加质感。

打开如图2-32所示的文件，选中盆栽图层，使用移动工具，按住Alt键复制一个盆栽图层。按快捷键Ctrl+T使复制出的盆栽进入自由变换状态，单击鼠标右键，在弹出的菜单中选择"垂直翻转"选项，并将翻转后的盆栽调整到合适的位置。

此时效果不够自然，再使用渐变工具，给下面的倒影增加一个渐变，最终的倒影效果如图2-33所示。

扫描图2-34所示二维码，可观看使用翻转功能制作倒影的教学视频。

图2-32

图2-33

图2-34

知识点6　内容识别缩放

在自由变换中还有一个隐藏的"秘密武器"，那就是内容识别缩放。如果想将图2-35运用在一张长图之中，只延长背景，而不改变人物的大小，怎么做呢？选中图层后，执行"编辑–内容识别缩放"命令，按住Shift键拖曳图片左边的控点，即可得到如图2-36所示的效果。

图2-35

图2-36

扫描图2-37所示二维码，可观看使用内容识别缩放的教学视频。

至此，自由变换已讲解完毕。扫描图2-38所示二维码，可观看教学视频，回顾本节学习内容。

图2-37　　　　　　图2-38

第3节　画笔和橡皮擦工具

图2-39和图2-40是网络上流行的一种手绘图片。使用画笔工具和橡皮擦工具可以很轻松地制作出这样的效果。画笔工具主要用来绘制图案；橡皮擦工具主要用来修正错误。

知识点 1　画笔的基础设置

画笔工具位于工具箱中，单击画笔形状的按钮可以选中画笔工具，使用画笔工具可以直接在画面上进行绘制。在选中画笔工具的情况下，在属性栏中可以调整画笔的大小和硬度，如图2-41所示。

画笔的大小指的是画笔的粗细；画笔的硬度指的是画笔边缘的柔和程度。硬度为100%，线条锐利，边缘分明；硬度为0，线条边缘柔和。

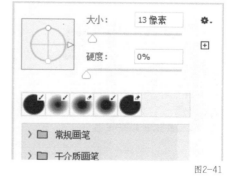

图2-39　　　　　　　　　图2-40　　　　　　　　　图2-41

提示 1.想要调整画笔的大小，除了在属性栏调节画笔大小的控点，还可以使用快捷键。调整画笔大小的快捷键是英文输入法状态下的中括号键，按左中括号键可以缩小画笔的大小，按右中括号键可以放大画笔的大小。

2.在绘制过程中，如果直接在背景图层上绘制，绘制错误后选择橡皮擦工具擦除会破坏背景图层的像素。因此，建议绘制作品时，多新建图层。在新图层上进行绘制，图层之间互不干扰，不会破坏其他图层的效果。

3.使用画笔工具的时候，用鼠标进行绘制不是很方便，配合数位板和触控笔绘制会更加流畅。

知识点 2　拾色器

单击"颜色"面板中的前景色，可以调出拾色器，在此可以改变画笔的颜色，如图2-42

所示。在拾色器中可以单击颜色区域选择颜色，也可以通过输入色值来改变颜色，如需要设置黑色时可以输入"000"，然后按回车键。此外，使用拾色器还可以吸取画面上的颜色来使用。

知识点3 橡皮擦的基础设置

画面上一些绘制失误的部分可以使用橡皮擦工具进行修改。单击工具箱中的橡皮擦按钮，然后使用橡皮擦工具直接对需要修改的部分进行擦除即可。选中橡皮擦工具的情况下，在属性栏中可以调整橡皮擦的"大小"和"硬度"，如图2-43所示。

知识点4 历史记录面板

如果需要修改的步骤较多，就需要使用快捷键Ctrl+Z撤销前面的操作，或使用"历史记录"面板撤回步骤。执行"窗口-历史记录"命令可以打开历史记录面板，如图2-44所示。

使用"历史记录"面板可以较准确地撤销操作步骤，还可以快速将文件恢复到打开的状态。在"历史记录"面板中，还可以创建快照。创建快照可以将作品创建出不同的版本来对照效果。

扫描图2-45所示二维码，可观看使用"历史记录"面板的教学视频。

图2-45

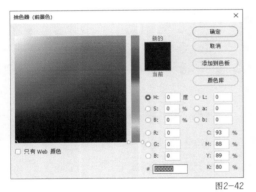

图2-42

图2-43

图2-44

综合本节学习的知识，使用画笔和橡皮擦工具可以将图2-46所示的鸡蛋素材图片绘制成图2-47所示的涂鸦小作品。

图2-46

图2-47

至此，画笔和橡皮擦工具已讲解完毕。扫描图2-48所示二维码，可观看教学视频，回顾本节学习内容。

图2-48

小练习

请使用画笔工具和橡皮擦工具，在前面图2-46上绘制一幅有趣的表情作品。

尺寸：不限。

练习要求：（1）使用不同大小、硬度、颜色的画笔进行绘制；（2）画面干净、完整，具有趣味性；（3）画面有一定故事性更佳。

图2-46

第4节 新建文档

设置文件命名、宽度和高度、画布背景颜色

新建文档的方法是：执行"文件–新建"命令，打开新建文档对话框，设置文档的名称和参数等，如图2-49所示。在"新建文档"对话框中首先需要对文件命名，然后需要设置作品的宽度和高度，以及宽度和高度的单位。在单位的选择上，如果作品使用在屏幕上，单位一般设置为像素；如果使用在印刷品上，一般会设置为毫米或厘米这样的长度单位。在"新建文档"对话框中，还可以设置画布的背景颜色等。

设置文档的分辨率

设置文档的分辨率前，需要先理解分辨率的概念。分辨率的单位是像素每英寸，那么其中的像素又是什么呢？打开一张位图图像，使用缩放工具对图像进行放大，当图像越来越大时，可以看到画面中出现了很多格子，如图2-50所示，这些格子就是像素，位图就是由很多个这样的格子组成的。而分辨率指的就是在同等面积的图片里有多少个这样的格子。因此，分辨率越大，图片越清晰。

对于使用在印刷品上的作品，建议将分辨率设置为300ppi，而对于使用在屏幕上的作品，建议将分辨率设置为72ppi。对于尺寸特别大的作品，建议将分辨率设置为25~72ppi。

设置颜色模式

在"新建文档"对话框中还可以设置文件的颜色模式。常用的颜色模式有RGB模式和CMYK模式。其中RGB模式对应的是屏幕显示的色光模式；CMYK模式代表的是颜色油墨混合的颜色模式，多用于印刷品，如图2-51所示。

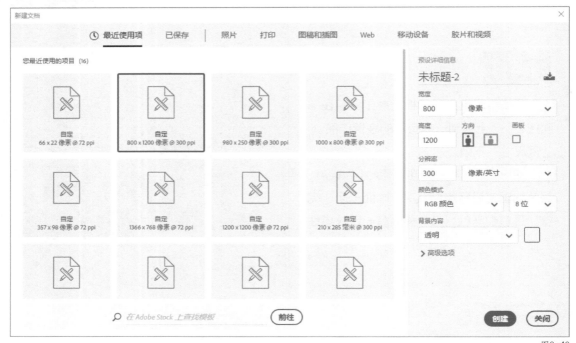

图2-49

图2-50

RGB模式　　　　　CMYK模式

图2-51

因此在设置文件的颜色模式时，如果作品使用在屏幕上，就选择RGB模式；如果作品使用在印刷品上，就选择CMYK模式。如果不确定作品的用途，可以先将其设置成RGB模式，后期有需求再将其转换为CMYK模式。

同时，在"新建文档"对话框中也有很多系统预置的文件尺寸参数，如常用的照片尺寸、打印用纸尺寸、常用的移动设备尺寸、常用的视频尺寸等，可以根据自己的需求来选择这些预设，更便捷地新建文档。

至此，关于新建文档的知识已讲解完毕。扫描图2-52所示二维码，可观看教学视频，回顾本节学习内容。

图2-52

第5节 更改图像尺寸

在练习和工作中，经常需要更改图像尺寸，在Photoshop中执行"图像－图像大小"命令和"图像－画布大小"命令，以及使用裁剪工具就能满足更改图像尺寸的需求。

知识点 1 更改图像大小

在日常生活中，经常需要将拍摄好的照片更改为一寸照片；在工作场景中，如果需要将作品发布在多个平台上，不同的平台、不同的作品都会有不同的尺寸要求，这时也需要更改图像大小。

更改图像大小的方法是执行"图像－图像大小"命令，打开"图像大小"对话框，如图2-53所示，在对话框中更改长度和宽度的数值。在"宽度"和"高度"的左侧有一个锁链按钮，用于锁定长宽比，一般情况下要将其选中，避免图片拉伸变形。在对话框中还有"重新采样"一栏，这个选项可以根据图片处理情况与图片特点进行设置，一般情况下设置为"自动"即可。

更改图像大小，实际上是更改图像的像素，像素的修改是不可逆的，因此更改图像大小前，最好先存储一个副本，保存原图可以留下更多的修改空间。扫描图2-54所示二维码，观看更改图像大小的教学视频。

图2-54

图2-53

知识点 2 更改画布大小

画布就像一张画纸，是Photoshop中进行图像创作的区域。工作区显示的就是画布的大小，操作时可以根据需求对画布大小进行调整。新建文档时设置的文件尺寸就是画布大小，有时在设置画布大小时无法准确判断作品最终的尺寸，因此需要对画布大小进行调整。

更改画布大小的方法是执行"图像－画布大小"命令，打开"画布大小"对话框，如图2-55所示，在对话框中调整画布的宽度和高度。

扫描图2-56所示二维码，可观看更改画布大小的教学视频。

图2-56

图2-55

知识点 3 裁剪工具

裁剪工具位于工具箱，选中裁剪工具后，画布上会出现8个控点，拖曳这些控点可以对画布进行裁剪，裁剪框中颜色较鲜艳的部分就是要保留的部分，如图2-57所示。

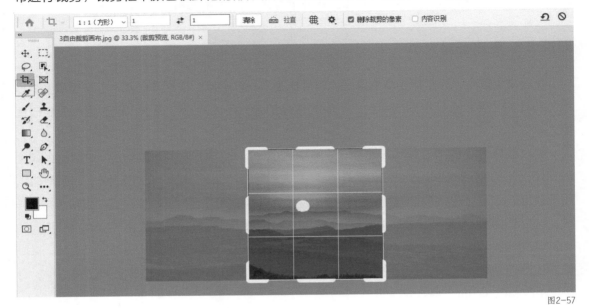

图2-57

自由裁剪画布

在使用裁剪工具时，可以在属性栏上选择按比例裁剪的选项，例如要将图片裁剪成方形，可以选择"1:1（方形）"选项。裁剪框中会显示参考线，系统默认显示三等分参考线，在属性栏中可以根据需求选择其他的参考线，如图2-58所示。使用参考线可以辅助裁剪时的构图，如利用三分构图法将主体对象放到参考线的交点处，这样裁剪出来的构图一般是比较好看的，如图2-59所示。

图2-58

图2-59

裁剪工具的属性栏中有"删除裁剪的像素"选项，如果勾选这个选项，裁剪的像素将被删除，再次裁减时无法重新对原图像素进行操作，因此建议不勾选该选项，保留原图的像素可以保留更多编辑的机会。

确认裁剪效果后按回车键即可完成操作。扫描图2-60所示二维码，可观看自由裁剪画布的教学视频。

图2-60

构图

　　灵活运用裁剪工具可以帮助构图。例如想要创作一幅篮球比赛的海报，找到图2-61所示的素材，如果使用整个篮球，画面就会显得比较普通。为此，使用裁剪工具，选中篮球的局部，通过篮球的局部来体现主题，如图2-62所示。构图完成后加上文字和图形，即可实现图2-63所示的效果。

图2-61　　　　　　　　　　　　　　　　图2-62　　　　　　　　　　　图2-63

拉直

　　出去旅游拍照片的时候容易不小心把照片拍歪，如图2-64所示。在Photoshop中使用裁剪工具的拉直功能可以让照片变废为宝。在选择裁剪工具的状态下，在属性栏中可以找到"拉直"按钮，单击按钮后，在画面上画出水平参考线，系统就会根据画出的参考线对图片进行拉直，拉直效果如图2-65所示。

图2-64　　　　　　　　　　　　　　　　　　　　　　图2-65

　　在拉直的过程中，系统会默认裁剪一些图片的边角。如果在拉直的过程中不想损失像素，可以在属性栏上勾选"内容识别"选项，勾选该选项后，系统将根据图像自动识别缺失的像素。拉直的功能不仅可以进行水平方向的拉直，对于一些垂直的建筑照片，也可以使用这个功能，如图2-66所示。扫描图2-67所示二维码，可观看拉直的教学视频。

　　至此，更改图像尺寸的知识已讲解完毕，扫描图2-68所示二维码，可观看教学视频，回顾本节学习内容。

图2-67

图2-66

图2-68

本章模拟题

1.多选题

哪些静态图片常被应用于网页？（选两项）

GIF格式图片.gif　JPG格式图片.jpg　PNG格式图片.png　PSD格式图片.psd

　　A　　　　　　B　　　　　　C　　　　　　D

提示 1.GIF格式通常用于动画。

2.JPG是网页上常用的静态图片格式，不支持透明。

3.PNG是网页上常用的静态图片格式，支持透明。

4.PSD是Photoshop的源文件格式，通常设计师会用PSD格式保存设计源文件。

5.TIFF格式通常用于印刷品，图片质量较高。

参考答案

本题正确答案为B、C。

2.匹配题

A.位图/点阵图　　　　　　　1.由直线、曲线、多边形构成的图像

B.像素　　　　　　　　　　2.由像素组合而成的图像

C.图像分辨率/解析度　　　　3.以独立的点构成，屏幕上显示图像的最小单位组

D.矢量图　　　　　　　　　4.以图像所包含的格点数量来表示图像大小的度量准则

提示 1.位图/点阵图：由像素组成的数字图像，如数码相机拍摄的照片、扫描仪扫出的数字图像。

2.矢量图：由直线、曲线、多边形构成的图像，可以任意地放大或缩小，并且不会失真。

3.图像解析度/图像分辨率：图像大小的度量准则，如300像素/英寸、72像素/英寸。

4.像素：位图构成的最小单位，一张照片就是由一个又一个的像素组合而成。

参考答案

本题正确答案为A-2、B-3、C-4、D-1。

3.单选题

用于商业摄影的图片，为确保在Photoshop中进行后期处理时有最大的编辑余地，拍摄时应该将照片保存为哪种格式？

A.JPEG（.jpg）

B.TIFF（.tif）

C.RAW（.raw）

D.Photoshop（.psd）

提示 1.RAW是照片原始数据格式，是最原始的图像信息文件，是文件最大、信息最全的一种格式。留有最原始的数据，意味着后期处理时有最大的编辑余地。

2.JPEG是目前应用最广泛的文件格式，是一种有损压缩格式。后期处理空间相对有限。

3.PSD是Photoshop特有的文件格式，可以保留很多Photoshop中的特性，如通道、蒙版、路径等。

4.TIFF格式与PSD格式类似，区别在于，TIFF格式在保存时可以进行压缩，以减小文件大小。

参考答案

本题正确答案为C。

4.单选题

发布在社交平台的海报图片通常会参考印刷海报的尺寸和形状，为了保持与印刷海报一样的长宽比，以下哪个选项是50cm×70cm海报对应的电子海报的合适尺寸？

A.宽度1200像素；高度1500像素

B.宽度1300像素；高度1100像素

C.宽度1000像素；高度1400像素

D.宽度800像素；高度500像素

提示 为了确保作品在多平台发布时效果保持一致，图像缩放时需要锁定长宽比。在Photoshop中调整图片大小时，可以通过单击"宽度"和"高度"左边的锁链按钮来锁定长宽比，如图2-69所示。

图2-69

参考答案

本题正确答案为C。

5.单选题

使用Photoshop制作一个用于印刷的图书（纸质书）封面，使用以下哪种色彩模式最佳？

A.Lab   B.RGB   C.CMYK   D.索引模式

提示 1.Lab颜色模式，是一种与设备无关的颜色模型，是基于生理特征的颜色模型。

2.RGB颜色模式，是用于屏幕显示的最佳颜色，由红、黄、蓝三种颜色组成，每一种颜色有0~255的亮度变化。

3.CMYK颜色模式，又叫减色模式，是由青、品、黄、黑组成，一般打印输出及印刷都使用这种模式。

4.索引模式，是采用一个颜色来存放并索引图像中的颜色，使用最多256种颜色，虽然图像质量不高，但占空间较少，通常用于网页。

参考答案

本题正确答案为C。

6.单选题

如果想在Photoshop中全面使用各种功能，应选择哪种色彩模式？

A.RGB模式　　　　　　B.CMYK模式　　　　　　C.Lab模式　　　　　　D.多通道模式

提示 在常用的色彩模式中，RGB模式支持所有的滤镜效果，但CMYK模式只支持部分滤镜效果。

参考答案

本题正确答案为A。

7.单选题

在Photoshop中使用什么功能可以快速调整图2-70中最右边的点心与其他点心的距离，使它们之间的距离基本一致？

A.快速选择工具　　　　B.内容感知移动工具

C.魔棒工具　　　　　　D.印章工具

图2-70

提示 在Photoshop中，内容感知移动工具可以实现将图片中多余部分物体去除，同时会自动计算和修复移除部分，从而实现更加完美的图片合成效果。它可以将物体移动至图像其他区域，并且重新混合组色，以便产生新的位置视觉效果。

参考答案

本题正确答案为B。

8.多选题

Photoshop中"链接智能对象"的优点有哪些？（选3项）

A.可执行非破坏性变换，同时保留原始的图片质量

B.如果源文件更改，"智能对象"将自动更新

C.使用"智能对象"过滤"图层"面板

D.可执行非破坏性的滤镜，允许随时编辑

提示 1.链接可以进行非破坏调整，避免在Photoshop中直接缩放像素而降低图片质量。

2.链接发生更改后，智能对象将会自动更新。

3.当图层变为智能对象后，使用滤镜不会破坏像素。

参考答案

本题正确答案为A、B、D。

9.多选题

在Photoshop中可以对智能对象执行以下哪些操作？（选两项）

A.将位图转换为矢量图以方便调整和编辑

B.允许以非破坏性的方式编辑和使用滤镜，如"模糊"和"锐化"等

C.支持直接对图像应用减淡工具和加深工具，并允许以后再编辑

D.支持使用变换命令，如"旋转"和"斜切"，并且以后还可以进行更改

提示 1.智能对象可以达到无损处理的效果。智能对象能够对图层执行非破坏性编辑，因为把图层设定为智能对象后，所有的像素在变形的时候都会被保护起来。

2.智能对象有强大的替换功能。在对某张图片上的智能对象图层执行一系列的调整、滤镜等编辑后，可以很方便地将这些编辑应用在另外一张图片上，只要单击右键菜单中的"替换内容"就能把A图片上的编辑效果"复制粘贴"到B图片上。

参考答案

本题正确答案为B、D。

10.单选题

以下哪一个选项描述的是将图像链接到Photoshop中的优点？

A. 链接文件在Photoshop文档中包含所有外部文件信息的完整副本

B. Photoshop中的链接文件自动包含版权信息

C. Photoshop中的链接文件在源文件被编辑和保存时将会自动更新

D. 内置于Photoshop中的链接文件可轻松转换为交互元素

提示 默认情况下，Photoshop会将图像嵌入文件，但是嵌入图像会导致文件很大，因此可以将图像链接到文件，以此缩减文件的大小，让操作更流畅。同时，Photoshop中的链接文件在源文件被编辑和保存时会自动更新。

参考答案

本题正确答案为C。

11. 操作题

请以以下参数："宽300像素，高200像素，两次立方（较锐利）（缩减）"，新建名为"旅行画册"的文档自定义预设，如图2-71所示。

参考答案

（1）执行"图像-图像大小"命令。

（2）设置参数宽300像素，高200像素，两次立方（较锐利）（缩减）。

（3）选择"调整为"。

（4）选择"存储预设"。

（5）键入"旅行画册"。

（6）保存。

图2-71

12. 操作题

以图像中的地平线作为基准，用一个操作完成自动拉直和图像裁剪，如图2-72所示。

参考答案

（1）选择"裁剪工具"。

（2）单击"拉直"按钮。

（3）沿地平线画一条直线。

（4）按回车键或单击"√"图标。

图2-72

13. 操作题

将此TIFF文件保存为Photoshop格式（.psd），同时保留所有图层，如图2-73所示。

参考答案

（1）执行"文件-储存为"命令

（2）保存类型选择"Photoshop"，单击"保存"按钮。

图2-73

14.操作题

将图片按屏幕大小缩放，使整个图片可见，如图2-74所示。

参考答案

（1）选择"视图"菜单。

（2）选择执行"菜单－按屏幕大小缩放"命令。

图2-74

15.操作题

使用宽50cm、高70cm的大小，新建Photoshop空白文档，用于海报设计，如图2-75所示。

参考答案

（1）执行"文件－新建"命令。

（2）在"新建文档"对话框中设置文件大小。

图2-75

作业：整理的艺术

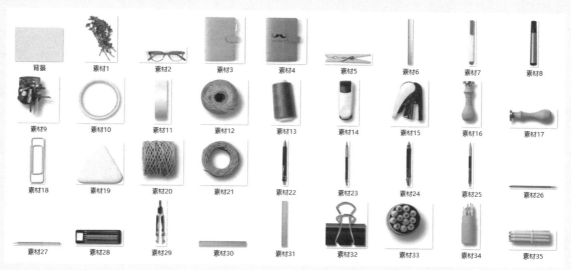

提供的素材

核心知识点 移动工具和自由变换的使用

尺寸 1000 像素 × 800 像素

背景颜色 灰色

颜色模式 RGB 色彩模式

分辨率 72ppi

作业要求

（1）使用移动工具、自由变换等功能将提供的素材整理成一个有序的画面，可参考作品范例，也可以自行排列组合，但需要保证画面的整洁美观。

（2）作业需要符合尺寸、背景颜色、颜色模式、分辨率的规范。

（3）只允许使用提供的素材进行排列。

完成范例

第

3

课

图层——将对象分离

图层是Photoshop中的重要功能，Photoshop中的绝大部分操作都是在图层中进行的。图层最大的作用就是将对象分离，然后对单独或部分对象进行操作，同时不会改变其他对象，有利于反复打磨作品细节，打造画面层次。

本课将主要讲解图层的基础操作、图层间的关系，以及保存图层。

第1节 图层的基础操作

图层的大部分操作位于图层面板，如图3-1所示。图层面板在大部分预设工作区界面中均有显示，如果无法找到图层面板，可以在"窗口"菜单中打开，或单击快捷键F7。关于图层的所有功能都可以在"图层"菜单中找到。

图3-1

本节将讲解选中图层、更改图层不透明度、新建图层、重命名图层、复制图层、链接图层、创建图层组、删除图层、隐藏图层、锁定图层等图层的基础操作。

知识点 1 选中图层

选中图层的一般方法是直接在图层面板中单击：按住Ctrl键并单击图层可以选中多个不连续的图层；按住Shift键并单击图层可以选中连续的多个图层。在使用工具箱里的工具时，也可以直接在图层面板上单击选中目标图层。在使用选择工具的情况下，如果在属性栏勾选了"自动选择"选项，如图3-2所示，在画面中单击图像，即可选中对应的图层。勾选"自动选择"选项很容易产生误操作，因此不建议勾选该选项。若不勾选该选项，可按住Ctrl键，再单击画布中的图像来选择图层，如果想要选择多个图层，可以按住Ctrl或Shift键，然后选择画布中的图像。

图3-2

知识点 2 图层不透明度

在"图层"面板中选中图层后可以修改图层的不透明度，如修改图中树叶的不透明度，如图3-3所示。修改图层不透明度的方法为，选中目标图层，在"图层"面板的"不透明度"设置区域拖动控点，或输入数值来调整不透明度，如图3-4所示。更改不透明度还有更便捷的方法——在选中图层的情况下，直接输入数字可以改变图层的不透明度。

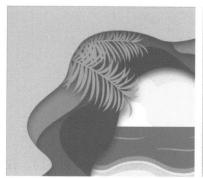

图3-3

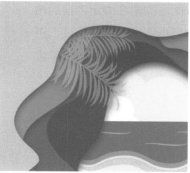

图3-4

知识点 3　新建图层

新建图层的方法有很多，最简单的方法就是单击"图层"面板下方的"创建新图层"按钮，如图3-5所示。这样可以直接创建一个新的透明图层。执行"图层－新建－图层"命令，或按快捷键Ctrl+N，也可以新建图层。

使用文字工具、形状工具等工具时，系统会自动新建图层。在下面的案例中，使用文字工具输入文字"SUMMER"后，可以看到在图层面板中自动创建了一个文字图层，如图3-6所示。此外，使用移动工具，将图片素材直接移动复制到画面中，也将新建图层。

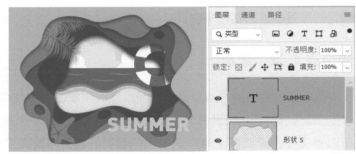

图3-5　　　　　　　　　　　　　　　　　　　　　　　　　　图3-6

需要注意的是，使用文字工具、形状工具创建的图层不是普通的像素图层，不能使用画笔工具等修改图层像素。若需要对其进行编辑，需要选中图层后，单击鼠标右键，在弹出的菜单中选择"栅格化图层"，才能将其转换为普通的像素图层。

知识点 4　重命名图层

如果图层全部使用系统默认的名称，那么在图层很多的情况下，想要找到目标图层将耗费很多时间。因此，在进行图像处理或图像创作时，要养成良好的命名习惯——按照图层的内容对图层进行命名。使用"图层"菜单新建图层时，可以在弹出的"新建图层"对话框中直接修改图层名称。然而，并不是每一个新建的图层都能确定名称，因此大部分图层需要在确定内容后再重命名。重命名的方法是双击目标图层的名称区域，进入更改图层名称的状态，如图3-7所示，输入图层名称并按回车键。

图3-7

知识点 5　复制图层

想要复制图像，可复制对应的图层。复制图层的方法是在"图层"面板中选中图层后，在目标图层上单击鼠标右键，在弹出的菜单中选择"复制图层"选项，这时会弹出"复制图层"

对话框，如图3-8所示。在对话框中可以修改复制图层的名称。也可以按快键键Ctrl+J直接复制图层。在使用选择工具的情况下，按住Alt键并拖动图像进行图像复制，图层也将被复制。

图3-8

知识点6 链接图层和创建图层组

链接图层或创建图层组可以将关联的图层组合在一起，方便对多个图层进行移动或自由变换。

如想将图3-9中海星的两个图层组合在一起，可以链接两个图层。链接图层的步骤是选中图层，然后单击鼠标右键，在弹出菜单中选择"链接图层"选项。链接成功后"图层"面板中对应图层将出现锁链图标，如图3-10所示。如果想要解除图层链接，选中链接的图层，单击鼠标右键，在弹出的菜单中选择"取消图层链接"选项即可。

将多个图层创建成一个图层组也可以将图像组合在一起，方法是选中图层，按快捷键Ctrl+G，或单击鼠标右键，在弹出的菜单中选择"从图层建立组"选项。在弹出的"从图层新建组"对话框中可对图层组进行命名。这个案例中将图层组命名为"海星"，创建成功后"图层"面板状态如图3-11所示。

图3-9　　　　　　　　　图3-10　　　　　　　　　图3-11

创建图层组还有一种方法。单击"图层"面板下方的"创建新组"按钮 ▢ ，就能在"图层"面板中创建一个新组。创建新组后将需要编组的图层直接拖进组中，或直接在组中创建新图层。需要注意的是，想要在画布上移动图层组的所有图层，需取消移动工具的"自动选择"选项。

在图层较多的文件中，编组非常重要，它可以帮助划分图层内容，因此在工作中需要养成给图层编组的好习惯。

提示 **链接图层和创建图层组的区别**

图层进行链接后，图层的上下排列关系不会发生变化，而在同一图层组中的图层，它们的上下位置在整个作品中与组的位置是一致的，因此如果为上下位置相差较远的图层创建图层组后，图层位置将发生改变。还以上面的海星的两个图层为例，调整它们的上下关系，使其中间间隔两个图层。如果将海星图层进行链接，链接后图层上下关系不变，如图3-12所示；如果将海星图层创建图层组，则图层上下关系发生变化，如图3-13所示。

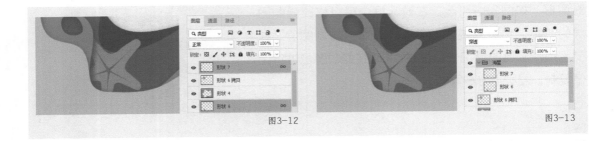

图3-12　　　　　　　　　　　　　　　　　　图3-13

知识点 7　删除图层

对于错误、重复、多余的图层，可以在图层面板中将其删除。删除图层的方法有很多，在"图层"面板中选中需要删除的图层后，可以按Delete键或单击图层面板下方的"删除"按钮进行删除，如图3-14所示；也可以单击鼠标右键，在弹出的菜单中选择"删除图层"选项；还可以将图层拖到图层面板右下角的"删除"按钮上，然后松开鼠标左键。这些方法都很便捷，读者按照自身喜好进行操作即可。

图3-14

知识点 8　隐藏图层

在图层较多的情况下，图层会互相遮挡，有时候会干扰操作。因此，为了准确调整画面，有时需要将部分图层隐藏起来。在"图层"面板中，单击图层前方的眼睛图标可以改变图层的显隐关系。图层前面的眼睛图标显示时，该图层为显示状态，如图3-15所示，图层前面的眼睛图标消失时，该图层为隐藏状态，如图3-16所示。

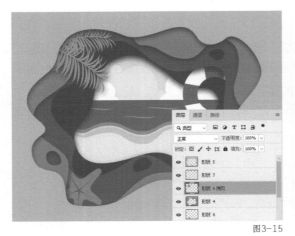

图3-15

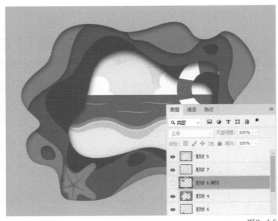

图3-16

使用隐藏图层还可以对比修图前后的效果。在这里有一张调整后的图片，如图3-17所示，如果想要对比调整前后的效果，可以选中背景图层，然后按住Alt键，单击图层前方的眼睛图标，就能隐藏除了该图层以外的所有图层，显示出原图的状态，如图3-18所示。

图3-17 图3-18

知识点9 锁定图层

在图层比较多的情况下，对一些已经调整好的图层，或一些暂时不需要改动的图层，可以先将其锁定起来，避免误操作。

锁定图层的方法是选中图层后，在"图层"面板中单击相应的锁定图标。最常用的是"锁定全部"按钮 🔒，单击此按钮后，图层中所有像素都被锁定，不能对它们做任何修改。也可以选择锁定局部，较常用的有锁定透明像素和锁定图像像素。选中图层，单击"锁定透明像素"按钮 ▨ 后，只能对该图层图像像素部分进行修改；选中图层，单击"锁定图像像素"按钮 ✏ 后，只能调整图像位置，不能更改像素。图层使用锁定功能后，在"图层"面板中，该图层后方将显示锁定图标，如图3-19所示。若需要解锁图层，单击对应图层上的锁定图标即可。

图3-19

提示 在"图层"面板中还有一个图层分类的功能，能将图层以名称、效果、模式、属性、颜色等类别进行分类显示。需要注意的是，这个功能经常导致误操作，很多初学者在操作时会不小心误触这个功能区域，导致部分图层从面板中消失。这时候只需要将"选取滤镜类型"选择为"类型"，如图3-20所示，文档中的所有图层将都显示于图层面板中。

图3-20

至此，图层的基础操作已讲解完毕。扫描图3-21所示二维码，可观看教学视频，回顾本节学习内容。

图3-21

第2节 图层间的关系

图层之间是相互关联的。图层间存在位置关系，如图层的上下关系、对齐关系等。图层间也可以产生相互作用，如图层混合模式、剪贴蒙版等。

本节将讲解 Photoshop 中图层关系的调整方法，以及利用图层之间的关系进行图像颜色调整、抠图等。

知识点 1 图层的上下关系

图层的上下关系，也被称为层叠关系，体现在画面中就是在上方的图层会遮盖下方的图层。在"图层"面板中可以清晰地看出图层的上下关系，图3-22中各张图片对应图层的上下关系如图3-23所示。

想改变图层的上下关系，可以直接在"图层"面板中拖动改变图层的位置。以图3-22为例，想要将图中"下2"图层置于图像的最上方，可在"图层"面板中将该图层拖到所有图层之上，如图3-24所示。选中图层后，也可以通过快捷键来更改图层的上下位置，将图层向下移动一层的快捷键为 Ctrl+[，将图层向上移动一层的快捷键为 Ctrl+]。

图3-22　　　　　　　　图3-23　　　　　　　　　　　　　　　　　图3-24

知识点 2 图层的对齐关系

图层除上下关系外，还有对齐关系。图层的对齐是以图层中像素的边缘为基准的。选中多个图层后，属性栏中将出现图层对齐的相关选项，如图3-25所示。

图3-25

以图3-26为例，如果需要将上排的3张照片修改为顶对齐，那么在"图层"面板中选中对应的图层后，单击属性栏的"顶对齐"按钮，效果如图3-27所示。注意，顶对齐是以图层中最靠上的像素为基准进行对齐的，其他对齐方式的原理依此类推。

图3-26　　　　　　　　　　　　　　　　　　　　　　　图3-27

知识点 3　图层混合模式

图层间除了位置关系，还存在混合关系，这个混合关系指的就是图层的混合模式。图层混合模式指的是在RGB颜色模式下，上下两个图层通过Photoshop内部的算法运算，从而实现一种特定的显示效果，图层的像素不会发生变化。使用图层混合模式可以让两个图层混合在一起，这要求文档中至少存在两个图层。

在图层混合模式为"正常"的情况下，两个图层的重叠部分，在工作区中只能看到位于上方的图层，如图3-28所示。如果更改上方图层的图层混合模式，将会呈现不同的效果。如将上方图层的图层混合模式修改为"正片叠底"，混合效果如图3-29所示。

图层混合模式位于"图层"面板，有很多选项，这些选项可以通过分组进行理解和记忆，分组和对应名称如表3-1所示。

其中较常用的是变暗组、变亮组和对比组。

图层混合模式有很多，下面将着重讲解几个常用的混合模式。

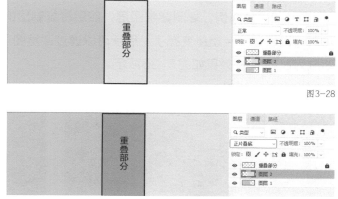

图3-28

图3-29

表3-1

1. 无名组	正常、溶解
2. 变暗组	变暗、正片叠底、颜色加深、线性加深
3. 变亮组	变亮、滤色、颜色减淡、线性减淡
4. 对比组	叠加、柔光、强光、亮光、线性光、点光、实色混合
5. 比较组	差值、排除
6. 色彩组	色相、饱和度、颜色、亮度

正片叠底

　　正片叠底指的是上下两个图层通过混合变得更暗，同时色彩变得更加饱满。

　　以图3-30为例，复制背景图层，然后将复制出的图层的图层混合模式修改为"正片叠底"。这时可以看到图像变暗了，同时色彩也更加饱和，效果如图3-31所示。

　　在正片叠底模式下，白色与任何颜色混合时都会被替换，而黑色跟任何颜色混合都会变成黑色，因此这个功能还经常用于去除一些图层的白色部分，如抠选像毛笔字等边缘复杂的白底素材。以图3-32的毛笔字为例，将图片素材置入文档后，选中毛笔字图层，将其图层混合模式修改为"正片叠底"，即可得到如图3-33所示效果。

图3-30　　　　　　　　　图3-31　　　　　　　　　图3-32　　　　　　　　　图3-33

滤色

　　滤色指的是通过混合上下两个图层，整体变得更亮，产生一种漂白的效果。

　　以图3-34为例，复制背景图层，然后将复制出的图层的图层混合模式修改为"滤色"。这时可以看到图片整体变亮了。后续可以通过调整图层的不透明度来调节变亮的程度，不透明度为60%时，效果如图3-35所示。

图3-34　　　　　　　　　　　　　　　　　　图3-35

　　在滤色模式下，如果混合的图层中有黑色，黑色将会消失，因此这个模式也通常用于去除图层中深色的部分，如抠选烟花、光晕等黑底或深色底素材。以图3-36的光晕素材为例，将图片置入文档后，选中光晕图层，将其图层混合模式修改为"滤色"，再适当调整其不透明度，即可得到如图3-37所示的效果。

图3-36

图3-37

柔光

柔光指的是上层图像中亮的部分会导致最终效果变得更亮，而上层图像中暗的部分会导致最终效果变得更暗。

在图3-38上创建图3-39所示的两种不同亮度的灰色图层，将灰色图层的图层混合模式修改为"柔光"，所得效果如图3-40所示。可以看到，亮的灰色叠加部分图像后变亮，而暗的灰色叠加部分图像后变暗。

柔光模式下使用同图叠加还可以提升图像的饱和度。以图3-38为例，复制背景图层，然后将复制出的图层的图层混合模式修改为"柔光"，效果如图3-41所示。

图3-38

图3-39

图3-40

图3-41

知识点 4 剪贴蒙版

使用剪贴蒙版功能，图层间还能实现互相覆盖、镶嵌的效果。下面通过一个简单的剪贴蒙版案例来制作文字嵌套图案的效果，如图3-42所示。

图3-42

使用剪贴蒙版功能前，需要调整图层的上下关系，显示的图层应置于其遮盖对象图层的下方。在图3-43的素材文件中，需要先将文字图层调整至小鹿图片的下方，如图3-44所示。

图3-43

图3-44

调整好图层的上下关系后，选中小鹿图层，单击鼠标右键，在弹出的菜单中选择"创建剪贴蒙版"选项，即可制作出图3-42所示的效果。选中图层后，按住Alt键，当鼠标光标移到两个图层之间，变成图3-45所示效果时，单击该位置，可快速创建剪贴蒙版。创建为剪贴蒙版后的图层将显示为图3-46的效果。

图3-45

图3-46

扫描图3-47所示二维码，可观看使用剪贴蒙版的教学视频。

图3-47

小练习

请使用本节"小练习"文件夹中的素材，实现图3-48所示的放大镜效果，且移动放大镜，放大效果也将跟随移动。

图3-48

知识点 5 合并图层和盖印图层

文档存储大小跟图层数量息息相关，图层数量越多，文档所占空间就越大。因此，在完成设计后，有必要对一些图层进行合并。

合并图层的方法是，选中需要合并的图层，然后单击鼠标右键，在弹出的菜单中选择"合并图层"选项。选中任意图层，单击鼠标右键，在弹出的菜单中选择"合并可见图层"选项，可以将所有可见图层合并。

如果既想保留图层，又想得到一个合并的效果，可使用盖印图层功能。以图3-49为例，选中任意图层，然后按快捷键Ctrl+Alt+Shift+E，在"图层"面板的最上方就可以得到一个当前所有图层的合并图层，如图3-50所示。盖印图层可以保留图像当前的制作效果，留存历史记录，常用于在创作插画等平面作品时保留创作过程。

至此，有关图层间的关系的内容已讲解完毕。扫描图3-51所示二维码，可观看教学视频，回顾本节学习内容。

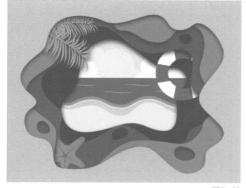

图3-49

图3-50

图3-51

第3节 保存图层

保存图层可以方便文档的后续调整，单独的图层保存下来还能多次利用，因此掌握图层的保存方法很有必要。

知识点 1 存储带图层的文件格式

执行"文件－存储"命令或"文件－存储为"命令，在弹出的对话框中选择文件的保存类型为"PSD"，即可将文件存储为带图层的文件格式。注意，要勾选存储选项中的"图层"选项，如图3-52所示。

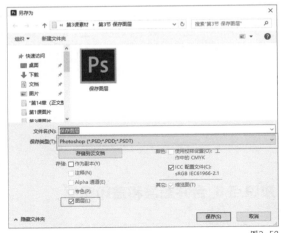

图3-52

知识点 2 单独保存图层

除了可以将文件存储成带图层的文件格式，还可以将图层单独保存起来，方便日后将其作为素材使用。

以图3-53中选中的图层为例，选中图层后，单击鼠标右键，在弹出的菜单中选择"导出为"选项，打开"导出为"对话框，如图3-54所示。在对话框中选择图层存储的格式，设置导出的图像大小和画布大小等参数。设置完成后，单击"全部导出"按钮，将弹出"导出"对话框，在对话框中可更改存储文件名和文件格式，最后单击"保存"按钮即可。使用"导出为"命令，可以同时选中多个图层进行导出。

在"图层"面板中选中图层后，单击鼠标右键，在弹出的菜单中选择"快速导出为PNG"选项，可以跳过导出设置，将图层快速导出为PNG图片。

图3-53

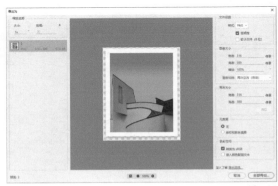

图3-54

知识点3 将图层导出到文件

在Photoshop中还有一个功能可以快速将文件中所有图层进行单独保存，那就是"将图层导出到文件"功能。执行"文件-导出-将图层导出到文件"命令，可以打开"将图层导出到文件"对话框，如图3-55所示。在对话框中可以选择导出的目标文件夹，设置文件的前缀名，还可以选择图层存储的文件类型。参数设置后，单击"运行"按钮，系统将自动把每一个图层保存成单独的文件。

关于文件类型的选择，如果选择为"JPG"和"PNG"等格式，导出图层时只能保存画布中显示的部分，只有选择为"PSD"格式，导出图层时才能保存图层中完整的图像，即保留位于画布之外的像素。

图3-55

至此，有关保存图层的内容已讲解完毕。扫描图3-56所示二维码，可观看教学视频，回顾本节学习内容。

提示 导出的图片透明像素较多时，可以执行"图像-裁切"命令，在弹出的"裁切"对话框中选择"透明像素"选项，单击"确定"按钮，快速对多余的透明像素进行裁剪。

图3-56

本章模拟题

1.多选题

使用Photoshop中的"拼合图像"命令可产生什么效果？（选3项）

A.隐藏图层被丢弃

B.缩小Photoshop文件存储大小

C.图像的清晰度将发生改变

D.所有可见图层均合并为单一图层

E.图层数量增加

提示 在Photoshop中合并图层和拼合图像是很容易令人混淆的两个操作。

合并图层是将所有选中的图层合并成一个图层，图像合并到选中的最下方的图层中。

拼合图像是把所有可见图层拼合到背景层上，扔掉隐藏层。拼合图像可以缩小文件存储大小，在存储拼合的图像后，将不能恢复到未拼合时的状态。

参考答案

本题正确答案为A、B、D。

2.操作题

请将图3-57中的"圆角矩形"图层的不透明度调整为75%，使背景的雪花显现出来，效果如图3-58所示。

图3-57　　　　　　　　　　图3-58

参考答案

（1）在"图层"面板中选中"圆角矩形"图层。

（2）单击"图层"面板上方不透明度数值，在输入框中输入"75"，如图3-59所示，完成本题操作。

图3-59

3.操作题

如果希望将图3-60中的PSD图像导出为按75%比例缩放的PNG文件，应如何操作？

图3-60

参考答案

（1）执行"文件-导出-导出为"命令。

（2）在弹出的"导出为"对话框中，选择文件格式为"PNG"，在图像大小的缩放中选择"75%"选项，如图3-61所示。

（3）单击"导出为"对话框中的"全部导出"按钮，再单击弹出的"导出"对话框中的"保存"按钮，完成导出。

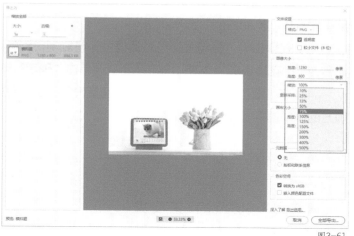

图3-61

4.操作题

为了使图3-62天空中的萤火虫与环境融合得更自然，请将"空中的萤火虫"图层的图层混合模式修改为"变亮"，不透明度调整为60%。

图3-62

参考答案

（1）在"图层"面板中选中"空中的萤火虫"图层。

（2）在"图层"面板中将图层混合模式设置为"变亮"。

（3）单击"图层"面板上方不透明度数值，在输入框中输入"60"，完成本题操作。此时"图层"面板状态如图3-63所示。

图3-63

5.操作题

复制图3-64中的"梅花鹿"图层，将复制得到的图层命名为"梅花鹿备份"，并隐藏该图层。

参考答案

（1）在"图层"面板中选中"梅花鹿"图层。

（2）单击鼠标右键，在弹出的菜单中选择"复制图层"选项。

图3-64

（3）在弹出的"复制图层"对话框中，将复制得到的图层命名为"梅花鹿备份"，如图3-65所示，再单击"确定"按钮。

（4）在"图层"面板中选中"梅花鹿备份"图层，单击其前方的眼睛图标，完成本题操作。

图3-65

6.操作题

请将图3-66中除背景图层（背景图层当前为隐藏状态）外的所有图层合并。

参考答案

（1）在"图层"面板中选中任意图层。

（2）单击鼠标右键，在弹出的右键菜单中选择"合并可见图层"选项，完成本题操作。

图3-66

作业：猫咪图鉴

使用提供的素材完成猫咪图鉴的制作。

核心知识点 置入图片、新建图层、图层的关系调整、图层的排列、自由变换、剪贴蒙版等

尺寸 1000 像素 × 1200 像素

颜色模式 RGB色彩模式

分辨率 72ppi

背景颜色 素材背景颜色

提供的素材

作业要求

（1）将提供的猫素材图片置入素材之中，只允许使用提供的素材进行排列。

（2）作业需要在提供的模板中进行。

（3）调整图层的上下关系、排列位置等，使用剪贴蒙版，制作出整齐的排列效果，排列顺序需与完整的效果范例一致。

完成范例

第 **4** 课

选区——快速、精准地选中对象

有位Photoshop资深专家是这样描述选区的重要性的
"Photoshop其实就是一种选择的艺术"。

本课主要讲解Photoshop中用于创建选区的各种工具
和两种类型的抠图（做选区）方法，并通过多个典型
的案例帮助读者巩固所学内容。

第1节 认识选区

选区是在Photoshop中进行精细化操作的重要功能，创建选区后可以控制操作区域、抠选图像、创建蒙版等。本节将讲解创建选区的工具、选区的作用、选区的基本操作和选区的布尔运算，带领读者认识选区。

知识点 1 创建选区的工具

最常用的创建选区的工具都在工具箱中。其中，在移动工具的下方有图形选区工具组，这个工具组里包括矩形选框工具、椭圆选框工具等，如图4-1所示。

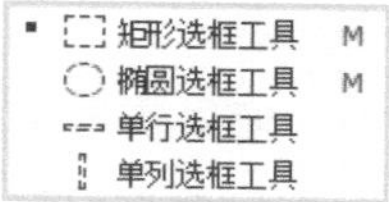

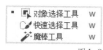

图4-1

在图形选区工具组的下面有套索选区工具组，包括套索工具、多边形套索工具等，如图4-2所示。

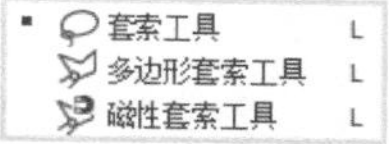

图4-2

在套索工具组的下面有快速选择工具组，包括对象选择工具、快速选择工具和魔棒工具，如图4-3所示。

图4-3

上述3个工具组是Photoshop中较常用的3个创建选区的工具组，此外，常用的创建选区的工具还有钢笔工具，这些工具的详细用法与实际应用将在后面的课程中讲解。

知识点 2 选区的作用

选区在Photoshop中主要是用来控制下一步操作的，它只对当前图层选择的区域起作用。例如使用矩形选框工具绘制一个矩形选区，然后新建一个图层，使用画笔工具在选区附近绘制线条，可以看到线条只在选框中显示，如图4-4所示。隐藏新建的图层，也能发现绘制线条的操作只对当前选中的图层起效，这就是选区的作用。

图4-4

知识点 3 选区的基本操作

在使用选区工具前，首先需要了解选区的基本操作，其中包括全选、移动选区、反选、取消选择、羽化和变换选区等。

全选

选区的大部分操作都能在"选择"菜单下找到。"选择"菜单的第一个命令是"全部"，快捷键是Ctrl+A，这个命令可以全选整个画布的范围，如图4-5所示。创建选区后，画布的边缘就会出现闪烁的虚线，也叫蚂蚁线，代表选区已经创建好了，选区的范围就是蚂蚁线包围的区域。

图4-5

移动选区

创建选区后，在选区范围内，按住鼠标左键即可对选区进行拖曳。

注意，一定要在选中选区工具的状态下进行拖曳。如果选中移动工具进行拖曳，就会改变选区内图片的像素。

反选

如果需要选择选区以外的范围，可以对选区进行反选。反选的方法是在选中选区工具的情况下，在选区内单击鼠标右键，在弹出的菜单中选择"选择反向"选项。

取消选择

如果需要取消选择，按快捷键Ctrl+D即可。因为在Photoshop中只能创建一个选区，所以在创建选区的情况下再次使用选区工具，原来创建的选区就会消失。

羽化

使用羽化功能，可以让选区的边缘变柔和。对选区进行羽化的方法是创建选区，然后在选区上单击鼠标右键，在弹出的菜单中选择"羽化"选项，如图4-6所示，打开"羽化选区"对话框，如图4-7所示，设置"羽化半径"的数值。

下面使用选区和油漆桶工具来对比不同羽化半径的效果。新建一个图层，绘制矩形选区，然后使用油漆桶工具对选区进行填色。在选区没有羽化的情况下，填色后矩形边缘是锐利的。选区羽化后，填色的边缘就变柔和了，羽化的数值越大，边缘越柔和，如图4-8所示。

图4-6

图4-7

图4-8

变换选区

在创建选区后，可以改变选区的形状。以矩形选框工具为例，在创建选区后，在选区内单击鼠标右键，在弹出的菜单中选择"变换选区"选项，如图4-9所示，就可以对选区进行调整了。选区形状调整好后，按回车键即可完成选区变形。

> **提示 变换选区与自由变换的区别**
>
> 变换选区需要在选中选区工具的情况下进行。如果在选中移动工具的情况下，使用快捷键Ctrl+T进行自由变换，那么改变的将是图片的像素，而不是选区的形状。

图4-9

知识点4 选区的布尔运算

使用单一的选区工具一般难以选中形状复杂的物体或区域。使用选区工具时，可以通过选区的布尔运算，实现多种选区工具的相互配合，用简单的选区工具创建出精准、复杂的选区。选中矩形选框工具等创建选区的工具后，在属性栏中就能找到实现选区的布尔运算的3个操作按钮——添加到选区、从选区减去和与选区交叉，如图4-10所示。

图4-10

在已创建选区的情况下，按住Shift键后可添加选区，按住Alt键可删减选区，按住Shift键和Alt键可选中两个选区交叉的区域，效果如图4-11所示。

矩形选区相加　　　　　　　矩形选区相减　　　　　　　椭圆选区相交

图4-11

扫描图4-12所示二维码，可观看选区的布尔运算的教学视频。至此，关于选区的知识已讲解完毕。扫描图4-13所示二维码，可观看教学视频，回顾本节学习内容。

图4-12　　　　　　　图4-13

第2节 快速选中对象

本节课主要讲解Photoshop中可以快速选中对象的形状选区工具组、快速选择工具组、套索工具，以及色彩范围功能的操作要点与实际应用。在实际使用这些工具和功能时，还需要根据图片来选择工具。如果需要选中背景复杂、主体不够明确的物体，那就需要使用其他选区工具来完成。

知识点 1 形状选区工具组

使用形状选区工具组中的工具可以快速创建形状选区，选中形状简单的物体或区域，其中最常用的是矩形选框工具和椭圆选框工具。下面将详细讲解矩形选框工具和椭圆选框工具的用法和实际操作案例。

矩形选框工具

矩形选框工具主要用来选择矩形的物体或区域。选中矩形选框工具后直接在画面上拖曳鼠标光标，即可绘制矩形选区，按住 Shift 键并拖曳鼠标光标，可以绘制正方形选区。

下面使用矩形选区工具将风景图片融入图 4-14 的画框中。使用移动工具将风景图片拖曳到图 4-14 中，用矩形选框工具选中画框的区域，再用反选功能选中画框以外的区域，将画框以外的图片像素删除，效果如图 4-15 所示。

图4-14

图4-15

扫描图 4-16 所示二维码，可观看矩形选框工具的教学视频。

图4-16

> **提示** 在使用形状选区工具绘制选区的过程中，可以按住空格键移动选区，移动到合适的位置后，松开空格键可以继续绘制。在移动选区的过程中，不能松开鼠标左键，否则选区的绘制将会中断。

椭圆选框工具

椭圆选框工具主要用来选择椭圆或圆形的物体或区域。选中椭圆选框工具后直接在画面上拖曳鼠标光标，即可绘制椭圆选区；按住 Shift 键并拖曳鼠标光标，可以绘制圆形选区。

下面使用椭圆选框工具将图 4-17 中的月亮融入图 4-18 的天空中。操作要点是，使用椭圆选框工具按住 Shift 键创建圆形选区框选月亮，再使用移动工具将月亮拖曳到背景图中，调整其位置，效果如图 4-19 所示。扫描图 4-20 所示二维码，可观看椭圆形选框工具的教学视频。

图4-20

图4-17　　　　　　　　　　　　　　图4-18　　　　　　　　　　　　　　图4-19

知识点 2　快速选择工具组

对象选择工具、快速选择工具和魔棒工具都属于快速选择工具组，选中这3款工具时，属性栏上都会出现选择主体按钮。单击选择"主体"按钮后，系统将自动分析画面的主体，然后选中主体的区域。以图4-21为例，画面主体是三只小狗，系统通过分析就自动框选了3只小狗的区域。对于一些主体非常明确的图片，使用这个功能可以快速选中主体对象。

图4-21

对象选择工具

对象选择工具是Photoshop 2020版本引入的新功能，使用该工具选择对象的大致区域后，系统将自动分析图片的内容，从而实现快速选择图片中的一个或多个对象。

对象选择工具有两种选择模式，分别是矩形和套索，如图4-22所示。使用对象选择工具时，先选中想要的对象的范围，然后使用选区的布尔运算增加或删减选区，这样可以比较精准地选中对象，如图4-23所示。

扫描图4-24所示二维码，可观看对象选择工具的教学视频。

图4-22

图4-23 图4-24

快速选择工具

　　快速选择工具的用法与画笔工具类似，选中快速选择工具后在想要选中的对象上涂抹，系统就会根据涂抹区域的对象自动创建选区。对于对象边缘的细节，可以缩小画笔来选择。快速选择工具调整画笔大小的快捷键与画笔一样，为中括号键，按左中括号键可以缩小画笔，按右中括号键可以放大画笔。快速选择工具通常用于选择边缘比较清晰的对象，可以轻松做到精准选择，如图4-25所示。

图4-25

魔棒工具

　　魔棒工具是基于颜色来创建选区的，以图4-26为例，使用魔棒工具在画面的黄色区域单击，系统将自动选择画面中字母外的黄色区域。字母缝隙中的黄色区域没有被选中，是因为在魔棒工具属性栏上勾选了"连续"选项，如果取消勾选"连续"并再次单击画面中的黄色区域，可以看到画面中所有的黄色区域都被选中，如图4-27所示。

图4-26 图4-27

在使用魔棒工具时，还需要注意属性栏上的"容差""对所有图层取样"和"消除锯齿"3个选项的设置，如图4-28所示。

容差指的是选择颜色区域时，系统可以接受颜色范围的大小。设置的容差越大，系统创建选区时选择的颜色范围越大。基于这个原理，使用魔棒工具时，需要根据想要颜色的精准度来设置容差。在涉及对多个图层取样时，需要勾选属性栏上的"对所有图层取样"选项。"消除锯齿"选项可以平滑选区边缘，一般建议勾选。

扫描图4-29所示二维码，可观看魔棒工具的教学视频。

图4-28　　　　　　　　　　　　　　　　　　　　图4-29

知识点 3　色彩范围

色彩范围的工作原理与魔棒工具类似，也是根据颜色建立选区。执行"选择-色彩范围"命令，即可打开"色彩范围"对话框，如图4-30所示。

图4-30

打开"色彩范围"对话框后，可以在画布上看到一个吸管，在画布上单击即可选中画布上与该点颜色一致的范围，按住Shift键再次在画布上单击，可以增加选择的颜色范围。

使用色彩范围建立选区，由于系统的判断还不够精准，在复杂图像的边缘区域可能会出现误差。执行"选择-修改-收缩"命令，可以对选区进行统一修改，将选区向内收缩少许像素，让选区更贴紧对象的边缘，如图4-31所示。如果想要对象的边缘更加自然平滑，还可以使用羽化选区功能。

基于图层的形状可以还原出选区，按住Ctrl键，在"图层"面板中单击图层缩略图即可。以上面使用色彩范围抠选出来的老鹰为例，按住Ctrl键，在"图层"面板中单击老鹰图层缩略图，即可以老鹰的形状创建选区，如图4-32所示。

扫描图4-33所示二维码，可观看色彩范围的教学视频。

图4-31

图4-32

图4-33

知识点 4 套索工具

在实际的工作中也存在不需要精准选中对象的情况，有的操作只需要粗略选中对象即可。遇到这种情况，可以使用工具箱中的套索工具来创建选区。下面通过两个案例来讲解套索工具的使用方法。

抠火

套索工具的使用方法非常简单，以抠选图4-34中的一团火为例，单击工具箱中的套索工具按钮，按住鼠标左键拖曳绘制火团的区域即可创建选区。选中火团的大致区域后，使用移动工具将其移动复制到图4-35所示的人物的手中。双击火团图层，打开"图层样式"对话框，调整"混合颜色带"区域的参数，让火周围的黑色消失。混合颜色带功能主要用来调整图像中亮调、中间调和暗调，左边角标调整的是暗部区域，右边角标调整的是亮部区域。按住Alt键可以将角标分离，增加羽化效果，使黑色的边缘变柔和，如图4-36所示。

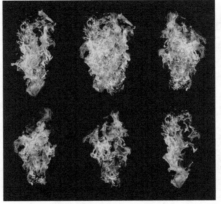

图4-34

图4-35

图4-36

修形

　　利用套索工具还可以对人物图像进行简单的修形。图4-37中姑娘的手臂有一点粗，可以使用套索工具来进行调整。

　　使用套索工具，选中手臂的区域。因为手臂的背景区域有一扇窗户，为了避免调整后窗户出现变形的情况，在做选区时需要把窗户的区域也选上。选中区域后，使用羽化功能给选区边缘增加柔和的过渡，让调整的效果更加自然。按快捷键Ctrl+J将背景选中的区域复制为新图层，将其进行自由变换，在自由变换的状态下单击鼠标右键，选择"变形"选项，小范围调整手臂的形状。注意，调整的幅度不宜过大，否则调整后的手臂可能会不符合人体的规律。扫描图4-38所示二维码，可观看套索工具的教学视频。

图4-37　　　　　　　　　　　　　　　　　　　图4-38

知识点 5　快速选择对图片的要求

　　不是所有图片都能使用本节讲解的工具快速选中对象。想要快速选中对象，图片需要符合一定的要求。举个例子，使用快速选择工具选择对象，需要图像的背景比较单纯，而且对象的边缘比较清晰。例如图4-39中的昆虫，图片背景比较复杂且昆虫由于景深存在虚化的部分，所以使用快速选择工具就无法精准地选择，如图4-40所示。如果想要在这样的图片中选择对象，就需要用到更精准的选择工具。

　　至此，快速选中对象已讲解完毕。扫描图4-40所示二维码，可观看教学视频，回顾本节学习内容。

图4-39

图4-40

第3节　精准选中对象

对于一些背景比较复杂，无法快速精准选择对象的图片或一些抠图要求特别高的情况，就需要用到多边形套索工具、钢笔工具，以及选择并遮住功能等来精准选中对象。

知识点1　多边形套索工具

多边形套索工具在工具箱的套索工具组中，通过单击绘制线条，最终多条直线形成闭合的选区。在绘制过程中鼠标指针靠近起点的时候，光标右下角会出现一个小圆圈，单击即可形成闭合的选区。多边形套索工具主要是通过直线来绘制一些多边形的区域，多用于选择一些边缘锐利的区域或对象。

图4-41所示的是一张建筑物和黑夜天空的图片，本案例需要把天空从白天换成黑夜。使用移动工具将天空的素材复制到建筑素材中，进行自由变换，调整好图片的大小和位置。选择天空的素材图层，将其隐藏。接着使用多边形套索工具，沿着建筑的边缘绘制选区，绘制好选区后，再把天空素材显示出来。反选选区，把建筑区域上的天空部分删除，取消选区，效果如图4-42所示。扫描图4-43所示二维码，可观看多边形套索工具的教学视频。

图4-43

图4-41

图4-42

知识点 2 钢笔工具

钢笔工具是一个非常灵活的工具，使用钢笔工具可以绘制形状、路径，以及建立选区。钢笔工具位于工具箱中，是一个钢笔头一样的按钮，单击按钮即可使用钢笔工具。使用钢笔工具可以绘制直线、曲线等多种线条。

绘制直线

使用钢笔工具在画布上单击创建出第一个锚点，再单击创建出第二个锚点，两个锚点连接成一条直线，如图4-44所示。

图4-44

绘制闭合区域

单击创建多个锚点，在鼠标光标靠近起始锚点时，鼠标光标旁会出现一个小圆圈，此时单击即可形成一个闭合的路径。按快捷键Ctrl+回车，即可把路径转换为选区，如图4-45所示。

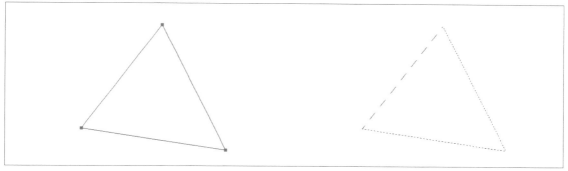

图4-45

绘制曲线

单击创建第一个锚点时，按住鼠标左键不松开，向下拖曳可拉出一个方向控制柄，创建出曲线的第一个锚点。接着创建另一个锚点时，按住鼠标左键同时，向上拖曳拉出方向控制柄，绘制出一条曲线，如图4-46所示。如果想要结束线段的绘制，可以按Esc键退出绘制状态。创建锚点时将方向控制柄依次向相反方向拖曳，可以绘制连续的S形曲线，如图4-47所示。

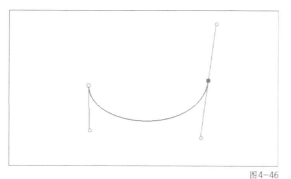

图4-46

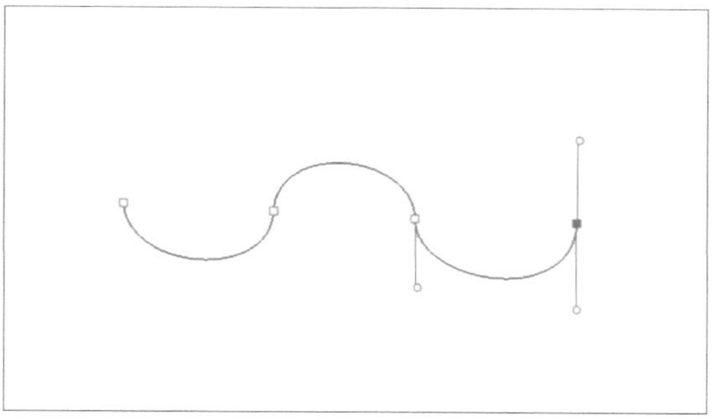

图4-47

在选中钢笔工具的状态下，按住Ctrl键可以控制锚点和线段，按住Alt键可以控制方向控制柄，改变线条的弧度。如果想要删减锚点，可以把鼠标光标对准想要删除的锚点，鼠标光标右下角会出现一个减号，这时单击锚点即可将其删除。

绘制直线和曲线相结合的线段

先绘制一条曲线，之后，第二个锚点上有两个方向控制柄，直接单击其他位置创建下一个锚点，绘制出来的线段将会是一条弧线；先按Alt键删除第二个锚点的一个方向控制柄，然后单击创建新的锚点即可绘制出曲线后的直线线段。如果想要再次绘制曲线，可以按住Alt键，在锚点上拖曳出来一个方向控制柄，即可继续绘制曲线，如图4-48所示。

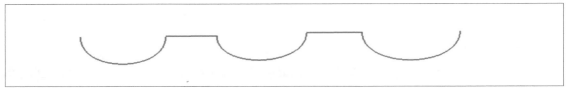

图4-48

绘制连续的拱形

先绘制出第一个拱形，然后按住Alt键，把下方的方向控制柄调整到相反的方向，接着创建下一个锚点。在创建下一个锚点时，同样按住Alt键把下方的方向控制柄调整到相反的方向。重复这样的操作，即可画出连续的拱形，如图4-49所示。

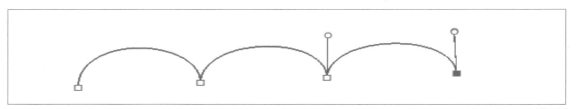

图4-49

下面通过一个案例来讲解钢笔工具的实际操作。制作的素材有香水瓶素材图片和背景图片，如图4-50所示。使用钢笔工具沿着香水瓶的边缘绘制闭合路径，按快捷键Ctrl+回车将香水瓶轮廓的路径转换为选区，再按快捷键Ctrl+J将香水瓶从背景图层中复制为新图层。使用移动工具将抠选出来的香水瓶放到背景图片中，调整其位置，即可制作出有质感的香水展示图，如图4-51所示。

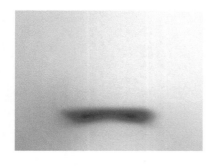

图4-50 图4-51

扫描图4-52所示二维码，可观看钢笔工具的教学视频。

> **提示** 使用钢笔工具抠图时，可以将图像放大来提升抠图的精细程度，但是不需要放大太多，放大到能够清晰看到物体的边缘即可。

知识点3 选择并遮住

选择并遮住功能在Photoshop的旧版本中被称为调整边缘，这个功能多用于选择人物或动物毛发这类边缘复杂的对象。下面通过一个例子来讲解选择并遮住功能的实际运用方法。本案例中使用的素材有长颈鹿图片和背景图片，如图4-53所示，案例制作的最终效果如图4-54所示。

图4-53   图4-54

打开长颈鹿图片，选中对象选择工具，单击属性栏上的选择主体按钮即可选中长颈鹿。使用缩放工具可以看到，系统自动选择的长颈鹿的边缘毛发并没有被准确选中，所以需要使用选择并遮住功能对毛发区域进行调整。在使用对象选择工具的状态下，在属性栏上单击"选择并遮住"按钮，即可进入"选择并遮住"界面，如图4-55所示。

图4-55

在界面的右边，可以看到"属性"面板，最上面有"视图模式"区域，在其中的"视图"下拉菜单中可以选择不同的视图模式，以更好地观察调整的结果，如图4-56所示。

因为长颈鹿图片原来的背景是白色的，视图如果用白色背景看起来就不够清楚，所以将"视图"选择为"黑底"。在工作区中黑底半透明的部分是图中没有被选中的部分，而中间颜色鲜艳的部分是已经被选中的部分，如图4-56所示。

图4-56

接下来对边缘进行调整，在界面左边的工具箱中找到调整边缘画笔工具，其使用方法与画笔工具类似。调整边缘画笔到合适的大小后，就可以对一些选择不准确的边缘进行涂抹，涂抹边缘后系统就会重新计算，得出更好的边缘选择效果。

> **提示** 调整边缘画笔大小的方法与调整画笔大小的方法一致，可以通过英文输入法状态下的中括号键进行调整，按左中括号键可以缩小画笔，按右中括号键可以放大画笔。

边缘调整好以后，在"属性"面板下方可以进行输出设置，可将边缘调整的结果输出为选区或蒙版图层。本案例将长颈鹿调整好的结果输出为"新建图层"。

使用移动工具将新建的长颈鹿图层移动复制到背景图片中，将长颈鹿进行自由变换，调整其大小、角度、位置等，再把长颈鹿超出画框的范围删除即可完成本案例的制作。扫描图4-57所示二维码，可观看选择并遮住功能的教学视频。

至此，精准选中对象已讲解完毕。扫描图4-58所示二维码，可观看教学视频，回顾本节学习内容。

图4-57

图4-58

第4节 保存选区和载入选区

在Photoshop中可以保存选区，方便使用者后续对选区进行更多的调整。本节课将讲解选区的存储和载入方法。

使用魔棒工具选择图4-59中甜甜圈图层的背景区域。选中背景区域后，执行"选择-存储选区"命令，在弹出的对话框中，更改选区的名称为"甜甜圈"，单击"确定"按钮，这样选区就被保存下来了。

图4-59

第二次打开这个文件，执行"选择-载入选区"命令，在弹出的对话框中选择通道中的"甜甜圈"，就可以载入之前保存的选区，如图4-60所示。

存储选区的本质是存储通道，可以在"通道"面板中找到保存的选区，如图4-61所示。因为选区的本质是通道，所以在"通道"面板中选中并删除保存的选区通道，保存的选区就被删除了。

至此，保存选区和载入选区已讲解完毕。扫描图4-62所示二维码，可观看教学视频，回顾本节学习内容。

图4-60 　　　　　　　　　图4-61 　　　　　　　　　图4-62

本章模拟题

匹配题

将下述 Photoshop 中的选取工具与其正确的描述进行匹配。

A. 多边形套索工具

B. 魔棒工具

C. 快速选择工具

D. 套索工具

1. 此工具只要单击一次，就能够选择所有相似颜色的相邻像素

2. 画出非固定的形状，此工具就能够选择由形状所包围的区域

3. 在选定的区域内"绘画"后，此工具就会自动填满区域内的空间，直到区域的边线

4. 以直线绘出形状，此工具就能够选择由形状所包围的区域

参考答案

本题正确答案为 A-4、B-1、C-3、D-2。

作业：男士服装广告

提供的素材

完成范例

　　使用提供的素材完成男士服装广告设计。

核心知识点 使用图形选区工具、套索工具、快速选择工具、魔棒工具、钢笔工具等选区工具选中目标对象，并排列出整洁的作品

尺寸 1514像素×472像素

背景颜色 自定

颜色模式 RGB色彩模式

分辨率 72ppi

作业要求

（1）灵活使用图形选区工具、套索工具、快速选择工具、魔棒工具、钢笔工具选中目标对象。

（2）作业需要符合尺寸、背景颜色、颜色模式、分辨率的规范。

（3）只允许使用提供的素材进行排列，但排列方式不一定与范例图一模一样，可以根据自己的创意进行排列，但是画面需做到整洁、美观。

蒙版——遮挡、融合、精细化调整

蒙版可以用来遮挡图层中不需要显示的内容，可以用来融合多张图片，可以针对选区进行精细化的调整。熟练掌握蒙版对学习图像合成会有很大的帮助。

本课的主要内容包括蒙版的工作原理、基础操作，以及3个典型的蒙版应用案例。本课以案例为主，通过多个案例的反复练习，帮助读者真正掌握蒙版的用法。

第1节 蒙版的概念与原理

这节课主要讲解蒙版的基础知识。蒙版是一种遮罩工具，可以把不需要显示的图像遮挡起来，在"图层"面板中，蒙版显示为一个"黑白板"，下面通过一个简单的案例来认识蒙版。

打开图5-1所示的两张素材，使用多边形套索工具基于电脑屏幕创建选区，将森林素材复制并粘贴到电脑屏幕选区。此时可以看到，森林素材嵌入到电脑屏幕中，同时在"图层"面板中出现了"图层2"图层，该图层旁边有一个黑白图像，这个黑白图像就是蒙版，蒙版的黑色区域将电脑屏幕以外的森林遮挡住了，如图5-2所示。

图5-1　　　　　　　　　　　　　　　　　　　　　　　　　　图5-2

蒙版可以分为5种类型，分别是：图层蒙版、快速蒙版、剪贴蒙版、矢量蒙版和混合颜色带。本课第2节会以案例的方式深入讲解这5种蒙版的用法。

知识点1　蒙版的工作原理

接下来通过一个小案例来剖析蒙版的工作原理。打开图5-3所示的两张素材，将云雾素材粘贴到森林素材中。此时在"图层"面板中，云雾素材在上方，森林素材在下方。选中云雾素材并单击"图层"面板底部的"添加蒙版"按钮，在云雾素材图层的右侧将生成一个白色蒙版。用黑色画笔在蒙版上涂抹，涂过的地方会变成黑色，黑色区域下层的像素会显示出来，白色区域显示的依然是云雾素材的像素。因此，在蒙版中，黑色蒙版用于屏蔽当前图层的像素，白色蒙版用于完全显示当前图层的像素，如图5-4所示。

图5-3　　　　　　　　　　　　　　　　　　　　　　　　　　图5-4

提示　在"图层"面板中，选中蒙版时，蒙版周围会出现一个框；选中图层时，图层周围会出现一个框。用画笔涂抹蒙版前，要先确认框在蒙版上，再进行涂抹，避免在图层上涂抹。

选中蒙版并用画笔在蒙版中涂抹，无论前景色是什么颜色，在蒙版中涂出的都是黑色、白色或灰色。在蒙版上涂抹灰色后，两个图层的像素会混合在一起，所以灰色蒙版可以对当前图层的像素起到半隐半显的效果，如图5-5所示。

图5-5

蒙版与像素的显隐关系

总体来说，蒙版上的黑色表示"隐藏"，蒙版上的白色表示"显示"，蒙版上的灰色表示"部分隐藏（半隐半显）"。

蒙版与选区的关系

建立一个选区，然后把它转换成蒙版。可以看到选中的区域在蒙版中是白色的，即显示图层中的像素。而没有选中的区域在蒙版中显示为黑色，该区域的像素被完全隐藏，显示出下方图层的颜色。所以在蒙版中，白色表示全选，黑色表示不选，灰色表示部分选择。

图5-6

蒙版与像素的显隐关系、蒙版与选区的关系如图5-6所示。

知识点 2 蒙版的三大作用

蒙版在修图时被使用得非常频繁，它可以用于合成多个图像，合成效果不理想时还可以反复修改直至满意；可以用于创建复杂选区，做选区时可以借用多种绘图工具，如画笔、钢笔、选区类工具等。此外，"图层"面板中的调整层默认带一个蒙版，用于控制调色命令作用的区域，以实现精细的局部色彩调整。

读者可观摩如图5-7所示的范例源文件，并尝试理解蒙版的作用。这个范例运用蒙版融合了多个素材，最终创造出一个毫无违和感的超现实画面。该范例会在后面的课程中详细介绍。

图5-7

知识点 3 蒙版的三大优势

　　使用蒙版有三大优势——非破坏性编辑、可用多种工具控制蒙版、可基于通道建立蒙版。

　　以图5-8所示的范例为例，被蒙版遮挡的图片（图层1）的像素并没有遭到破坏，只是被隐藏。通过蒙版可对图片的显隐随时进行修改，即非破坏性编辑。在操作蒙版时，画笔、渐变等多种工具均可发挥作用，即可用多种工具控制蒙版。此外，通道与蒙版结合可以实现高级的合成效果，如将半透明的婚纱从背景中抠选出来等。

图5-8

　　至此，有关蒙版的概念与原理已讲解完毕。本节初步讲解蒙版的相关知识，对于初次接触蒙版的读者来说，它颇具难度，但熟练掌握蒙版的使用方法很有必要。除了Photoshop，在Illustrator、After Effects等设计软件中也会用到蒙版。扫描图5-9所示二维码，可观看教学视频，回顾本节学习内容。

图5-9

第2节 蒙版的操作

本节主要讲解图层蒙版的基础操作和多种蒙版的使用方法。

知识点 1 图层蒙版

图层蒙版位于"图层"面板，是5种蒙版类型中使用率最高的一种，需重点掌握。

图层蒙版的基础操作

建立白蒙版 / 黑蒙版

选中图层，执行"图层－图层蒙版－显示全部"命令可建立一个白色蒙版，执行"图层－图层蒙版－隐藏全部"命令可建立一个黑色蒙版。此外，在"图层"面板底部单击"添加蒙版"按钮 ◘ 也可以创建蒙版，如图5-10所示。

图5-10

删除蒙版

选中蒙版，执行"图层－图层蒙版－删除"命令可将蒙版删除。在"图层"面板中将蒙版拖曳至删除按钮上也可将蒙版删除。

从选区中建立蒙版

创建一个选区，在"图层"面板中单击"添加蒙版"按钮可创建一个基于选区的白色蒙版。创建一个选区，在"图层"面板中按住Alt键单击"添加蒙版"按钮可创建一个基于选区的黑色蒙版，如图5-11所示。

图5-11

停用 / 启用图层蒙版

在图层蒙版上单击鼠标右键，在弹出的菜单中选择"停用图层蒙版"选项可以暂时关闭蒙版，此时蒙版上会出现一个红色的X。蒙版被停用后，在图层蒙版上单击鼠标右键，在弹出的菜单中选择"启用图层蒙版"选项即可恢复蒙版的作用，如图5-12所示。

图5-12

对于初次接触蒙版的读者来说，一要注意在操作蒙版前，先选中蒙版（即蒙版周围出现框）。图层蒙版的基础操作需反复练习。扫描图5-13所示二维码，可观看教学视频，熟悉建立蒙版、停用蒙版等操作。

图5-13

建立图层蒙版的两种方法

建立蒙版的方法有两种：一种是先蒙后选（先创建蒙版，再选择区域）；另一种是先选后蒙（先创建选区，再创建蒙版）。这两种建立蒙版的方法都经常用到。扫描图5-14所示二维码，可观看教学视频，练习图层蒙版的两种建立方法。该案例是一个非常简单的合成案例，效果如图5-15所示。

图5-14

图5-15

图层蒙版的常用操作工具

想用蒙版实现"遮挡、融合、精细化调整"，需要借助多种工具，如选区类工具、画笔工具、渐变工具等。下面通过多个简单的小案例演示，帮助读者熟练掌握这些用于操作蒙版的工具。

选区法

基于选区创建蒙版，即先选后蒙。扫描图5-16所示二维码，可观看教学视频，练习使用选区法建立蒙版。案例效果如图5-17所示。

图5-16

图5-17

笔刷法

画笔工具可以灵活地控制蒙版，精准地描绘出显示或隐藏的范围，操作方法为使用黑色、灰色或白色画笔在蒙版中涂抹。在使用画笔涂抹时一定要注意选中的是蒙版（而非图层）。此外，在涂抹时可以根据需求选用不同的画笔笔刷。扫描图5-18所示二维码，可观看教学视频，练习用画笔操作蒙版的方法。案例效果如图5-19所示。

图5-18

图5-19

渐变法

在图层蒙版中创建渐变（通常是由黑到白），可以让图片快速、自然地融合起来。渐变的起始位置、结束位置和渐变的长度都会影响融合的效果。如果第一次创建渐变的效果不理想，可以尝试多创建几次。扫描图5-20所示二维码，可观看教学视频，练习用渐变工具操作蒙版的方法。案例效果如图5-21所示。

图5-20

图5-21

通道法

使用通道可以抠选出半透明的图像，如婚纱、水花、火焰等。用通道做半透明选区，再将其应用于蒙版可以实现一些"高级"的效果，如婚纱飘出屏幕外的效果。通道的相关知识会在后面的课程中进行系统讲解，这里主要讲解利用通道的颜色信息来创建蒙版的方法。扫描图5-22所示二维码，可观看教学视频，练习用通道操作蒙版的方法。案例效果如图5-8所示。

图5-22

知识点 2 快速蒙版

快速蒙版位于工具箱下方，如图5-23所示，可以用于做出较为复杂的选区。单击快速蒙版按钮（快捷键为Q）切换至快速蒙版状态后，可使用多种绘图类工具、选区类工具对蒙版进行操作，并且选区处于"可见"的状态（默认显示为半透明的红色）。下面通过一个实例认识快速蒙版。

图5-23

利用蒙版融合素材

打开素材"酒瓶1"，单击快速蒙版按钮，在快速蒙版状态下，用黑色画笔在公路包围的森林区域涂抹，涂抹后的区域会变成红色，如图5-24所示。涂抹成红色的区域为选中区域，再次单击"快速蒙版"按钮，红色消失，选区出现，如图5-25所示。

图5-24

图5-25

将素材"酒瓶2"贴入快速蒙版创建的选区中，如图5-26所示。

用套索工具沿素材"酒瓶2"的纹路绘制选区（不需要很精细），然后贴入素材"酒瓶3"。置入素材"酒瓶4"，为其添加一个白色蒙版，用黑色画笔在蒙版中涂抹，隐藏不需要的部分，融合素材，如图5-27所示。在这里除了练习快速蒙版，也能回顾其他几种蒙版的操作方法。

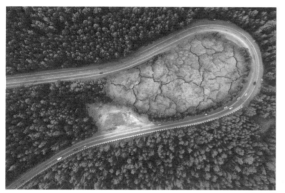

图5-26

图5-27

置入酒瓶并制作酒瓶投影

　　置入素材"酒瓶5"，调整其大小和角度，然后为其制作投影，增加酒瓶真实感，如图5-28所示。

利用蒙版增加合成细节

　　置入素材"酒瓶6"，添加白色蒙版后，用黑色画笔在蒙版上涂抹，使云雾融入当前场景，丰富画面细节，如图5-29所示。

图5-28

图5-29

　　扫描图5-30所示二维码，可观看教学视频，练习快速蒙版的使用方法并通过完成本案例巩固其他有关蒙版的操作。在编辑快速蒙版时，用黑色画笔涂抹后画面中会显示一块红色区域（表示选中），用白色画笔涂抹会擦除红色（表示不选中），双击快速蒙版按钮可以设置红色区域对应选中区域还是非选中区域。

图5-30

知识点 3　剪贴蒙版

　　创建剪贴蒙版的方式是选中图层后，单击鼠标右键，在弹出的菜单中选择"创建剪贴蒙版"选项，其快捷键为Ctrl+Alt+G，或在两个图层之间按住Alt键并单击。对于上下两个图层来说，上层是内容，下层是"蒙版"，它们共同组成了"剪贴蒙版"的视觉效果。剪贴蒙版直接拿图层的轮廓作为蒙版形状，非常方便。下面通过一个具体的实例认识剪贴蒙版。

制作星空幕帘

　　在城市素材中置入抠好的吊车素材和幕布素材，并用仿制图章将幕布素材中的竹竿去除，然后用仿制图章将幕布上方的区域补齐，如图5-31所示。

　　置入星空素材，调整其大小，使其与幕布大小一致，确保星空素材在上方，幕布素材在下方。在两个图层之间按住Alt键并单击鼠标左键，创建剪贴蒙版，如图5-32所示。此时幕布成为了星空的蒙版。如果想释放剪贴蒙版，再次在两个图层之间按住Alt键单击鼠标左键即可。

　　将星空图层的图层混合模式改为正片叠底，星空和幕布就融合在了一起，如图5-33所示。

图5-31

图5-32

图5-33

完善合成细节

继续为场景添加素材，使案例的合成效果更真实，特别是右侧的支架与星空幕帘重叠的区域，需要耐心地抠选出来并透出星空幕布，如图5-34所示。

调色

用色彩平衡命令将画面调整得暖一些，如图5-35所示。用亮度/对比度等命令提亮画面，如图5-36所示。调色的相关知识会在后面的课程中系统讲解。在本例中，调色处理可以让画面看起来更统一、真实。

图5-34

图5-35

图5-36

剪贴蒙版的应用非常广泛，如以文字作为外形，在其中放置图片的视觉效果。在拼接较为复杂的素材时，要注意细节的处理以及整体的色调处理。扫描图5-37所示二维码，可观看教学视频，练习剪贴蒙版的使用方法并通过完成本案例巩固其他有关蒙版的操作。

图5-37

知识点 4 矢量蒙版

在"图层"面板中选中一个图层，单击"添加蒙版"按钮可以创建一个白色蒙版，再次单击"添加蒙版"按钮即可创建一个矢量蒙版。矢量蒙版可以基于一个矢量图形创建蒙版，隐藏矢量图形区域外的内容。下面通过一个具体的实例来认识矢量蒙版。

沿着手机屏幕绘制矢量路径

用钢笔工具沿着手机屏幕绘制路径，人物手指附近的区域要绘制得细致一些。闭合路径后，在"路径"面板中双击工作路径，单击"确定"按钮后，工作路径会变成路径1（工作路径是临时的，转为路径1后，路径可以在PSD文件中保存下来继续调用），如图5-38所示。

图5-38

置入素材并添加矢量蒙版

置入豹子素材，确保路径依然可以看到，如果看不到路径，在"路径"面板中单击路径1即可。选中豹子图层并单击"添加蒙版"按钮创建一个白色蒙版，再次单击"添加蒙版"按钮基于路径创建矢量蒙版，如图5-39所示。

调整图片细节

调整豹子的大小和位置，使其与人脸更加贴合，如图5-40所示。

扫描图5-41所示二维码，可观看教学视频，练习矢量蒙版的使用方法。

图5-41

图5-39

图5-40

知识点 5 混合颜色带

"混合颜色带"位于"图层样式"的"混合选项"中，如图5-42所示。类似于图层蒙版，混合颜色带不会改变像素，但是可以遮挡图片上不需要显示的部分。其工作原理是通过拖动黑色滑块控制图层中暗部的显示和隐藏，通过拖动白色滑块控制图层中亮部的显示和隐藏。下面通过具体的实例认识混合颜色带。

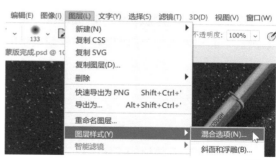

图5-42

用混合颜色带抠选白云

打开白云素材。其中白云属于亮部，蓝天及其他区域属于暗部。双击背景图层，将背景图层转换为普通图层，然后再次双击图层，打开"图层样式"对话框，在其中的"混合颜色带"选项中，拖动本图层的黑色滑块即可隐藏白云以外的信息，按住Alt键拖动黑色滑块可以将黑色滑块拆分，白云周围会变得柔和，效果如同羽化，如图5-43和图5-44所示。

图5-43

图5-44

新建图层并用白色画笔进行绘制

打开房子素材，新建一个空白图层，用白色画笔进行涂抹，如图5-45所示。

用混合颜色带制作雪景

双击空白图层，在"图层样式"面板的"混合颜色带"选项中，拖动下一图层的黑色滑块，用下一图层中暗部的信息，使白色画笔的痕迹融入图片，从而形成雪景效果，如图5-46所示。扫描图5-46所示二维码，可观看教学视频，练习混合颜色带的使用方法。

图5-45

图5-46

第3节 蒙版的应用案例

将本课学习的蒙版知识与前面课程学习的图层知识、选区知识结合，可以做出很有创意的案例。下面将通过3个典型案例，复习蒙版的相关知识，同时巩固前面课程学到的知识。

案例1 坐

打开界面素材，如图5-47所示。置入人物素材并调整其大小，使人物的脚刚好在图片区域外。可以暂时降低素材的不透明度来调整脚的位置，调整后再恢复不透明度，如图5-48所示。

用矩形选框工具创建选区并在人物图层上建立蒙版，如图5-49所示。

暂时停用图层蒙版，用钢笔工具把人物的腿部抠出来，按快捷键Ctrl+回车将路径转换为选区，然后启用蒙版，并在蒙版上基于选区用白色画笔涂抹，如图5-50所示。进入图层蒙版视图的方法是按住Alt键并单击蒙版，再次按住Alt键单击蒙版即可退出图层蒙版视图。在图层蒙版视图中，只能看到黑白灰的蒙版信息。在编辑图层蒙版时，经常会用到这个操作。

图5-47　　　　　　　　图5-48

图5-49　　　　　　　　图5-50

图层蒙版确认后，人物腿部显示出来，并且伸至画面外，如图5-51所示。但是这样看起来会有些不真实，原因是缺少阴影。

新建一个空白图层，用小号的黑色画笔在脚附近涂抹，并将其移动到人物素材图层下方，作为脚的阴影，增加画面真实感。降低阴影所在图层的不透明度可以进一步加强阴影的真实感，如图5-52所示。

扫描图5-52所示二维码，可观看本案例的教学视频。

图5-51　　　　　　　　图5-52

案例 2 夜色

本案例需要将图5-53所示的多张图片用蒙版融合在一起，形成一个超现实的夜色画面。为了让画面看起来更真实，需要用到多种工具在蒙版中控制显示和隐藏。在操作蒙版时，一定要牢记白色表示显示，黑色表示隐藏。

图5-53

替换天空

打开栈桥素材，然后置入星空素材。将星空素材的宽度放大至与栈桥素材的宽度一致。使用色彩范围命令创建栈桥地面部分的选区（吸管配合颜色容差），并基于这个选区在星空素材所在的图层创建蒙版，如图5-54所示。

可以看到，栈桥素材的天空没有被遮挡，反而是地面被遮挡了。确保蒙版处于被选中状态，执行"图像－调整－反向"命令，反转蒙版中的黑白关系，得到栈桥的地面以及星空，但目前效果依然比较粗糙，如图5-55所示。在使用反向命令时要注意，要先选中蒙版，如果误选了图层，把图层反向后，图片看起来会很奇怪。

按住Alt键并单击蒙版，进入蒙版显示模式，将蒙版中天空部分都涂成白色，地面部分都涂成黑色。这样，画面的上半部分显示为星空，下半部分显示为栈桥的地面，如图5-56所示。在操作蒙版时，可综合应用画笔、套索等工具来达成目标。

至此，替换天空的操作就完成了。

图5-54

图5-55

图5-56

添加地球

　　置入地球素材，将星空素材的蒙版复制一份至地球素材上。由于地球素材的右上角有一些黑色背景，影响合成效果，所以在地球素材的蒙版中用黑色画笔涂抹，将其隐藏掉，如图5-57所示。

添加月球

　　置入月球素材，并将其置于地球素材的下方，如图5-58所示。

增加光晕效果

　　在地球素材下方建立新的背景图层，并沿着地球边缘涂抹白色，为地球素材增加边缘发光的效果。基于月球素材建立选区并扩展选区，使选区略大于月球素材，新建一个空白图层并填充白色，用模糊滤镜使其边缘虚化。为地球和月球增加光晕效果可使画面更加真实，如图5-59所示。

图5-57

图5-58

图5-59

优化细节

　　整体效果实现后，需要检查画面并优化细节。此时画面中的人物不是很清晰，那么问题一定出在蒙版上（因为一直在使用蒙版）。检查星空素材的蒙版时会发现，人物周围的蒙版不是很清晰，因此用色阶命令和画笔工具继续优化人物边缘。这里需要强调蒙版的优势之一——非破坏性调整，蒙版可以通过反复修改来优化画面效果。

　　新建一个空白图层，用画笔工具为地面绘制一些草丛，增加画面细节。

　　案例最终效果如图5-60所示。扫描图5-60所示二维码，可观看本案例的教学视频。

图5-60

案例 3 眺望

好的创意需要极致的细节来实现。本案例没有运用新的知识点，但是在做蒙版的过程中会遇到很多烦琐的细节，需读者耐心处理。案例素材如图5-61所示。

图5-61

融合云海

新建文档，置入两张云海图片，并用图层蒙版和画笔工具将这两张图片融合，融合后的画面层次更丰富，如图5-62所示。

抠选人物

用钢笔工具将人物抠选出来，将其缩小后放置于云海的山顶。为了增强真实感，新建一个空白图层，并为人物绘制阴影，如图5-63所示。

置入城市素材

置入城市素材并将其翻转，用钢笔工具沿着建筑轮廓抠图，抠图时注意保持建筑的错落感。然后基于选区创建蒙版，如图5-64所示。扫描图5-64所示二维码，可观看本案例的教学视频。

图5-62

图5-63

图5-64

本章模拟题

1.操作题

使用魔棒工具，以非破坏性的遮罩方式，罩住时钟外围的白色背景，使时钟图标可以作为单词中的字母O使用，即去掉图5-65中时钟的白边。

参考答案

（1）用魔棒工具选择表外面的白色区域，如图5-66所示。

（2）执行"选择-反选"命令，效果如图5-67所示。

（3）单击"图层"面板中的"添加蒙版"按钮，效果如图5-68所示。

图5-65

图5-66

图5-67

图5-68

2.操作题

载入时钟图片预置的选区，以非破坏性的遮罩方式，罩住图5-69中时钟的背景，使时钟图标可以作为字母O使用。

参考答案

（1）执行"选择-载入选区"命令。

（2）在载入选区对话框的"通道"中选择"时钟2"，如图5-70所示。

（3）在"图层"面板中单击"添加蒙版"按钮，效果如图5-71所示。

图5-69

图5-70

图5-71

作业：蜗居

提供的素材

完成范例

核心知识点 图层蒙版应用

尺寸 4096 像素 × 2160 像素

颜色模式 RGB 色彩模式

分辨率 72ppi

作业要求

（1）使用钢笔工具扣选图像，要求图像边缘平滑。

（2）熟练应用画笔工具，以及熟练变换笔刷的操作。

（3）绘制蒙版时，保证边缘过渡自然。

第 **6** 课

调色——还原真实色彩和色彩美化

本课从调色的概念讲起，强调了调色对还原图像信息、改变图像气质的作用。本课将讲解调色的理论知识与工具的使用技巧，讲解的色彩基础知识包括影调、色彩三要素、色彩模式、色彩的冷暖感知、色彩搭配等；调色工具包括曲线、色相/饱和度、色彩平衡、可选颜色、黑白等。最后，本课通过颜色校正、复古色调、干净通透色调和时尚大片色调4个案例的讲解，帮助读者了解调色的标准流程，熟悉工具的使用。

第1节 调色的概念

调色，指的就是在Photoshop中对图片的色彩进行调整。而在实际的情况中一定要注意，一旦说要调色，那指的绝对不只是对色彩本身进行调整，它包含了对图片的影调和色彩的同步调整。

影调指的是图片的亮调、暗调、灰调。所有图片的色彩都是基于影调来呈现的，有了明暗关系，色彩才能够更好地呈现。色彩是传达情绪的语言，在实际工作中，不要过多考虑图片调成什么色彩好看，更多地要考虑图片的信息传达。信息传达准确了，图片一般不会太丑。

举一个例子，晚餐和蜡烛在人们心目中应该是温暖、温馨的状态，因此食物以暖色的方式呈现，看起来会让人有食欲。而图6-1的整体色调偏冷，让人没有食欲。通过色彩调整后，图6-2还原了烛光晚餐温暖的感觉，从而提升了图片的美感。

图6-1

图6-2

调色除了可以改变图片的信息传达，还可以改变图片的气质。图6-3是一张彩色图片，因为整个画面中颜色比较鲜艳，过于明亮，看起来比较俗气。而直接把图片调成黑白色，再加上明暗调的处理，整张图片就被赋予了时尚感，如图6-4所示。

111

图6-3

图6-4

调色也可以让图片的复古氛围更加明显。图6-5原本是一张普通的照片，而调色过后就能得到图6-6所示的油画效果。

图6-5

图6-6

调色可以让图片中时间的氛围更加明显。图6-7是在夕阳下拍摄的，但是从图片上看并没有傍晚的氛围。那么通过色彩的调整，让黄色的阳光变成橙色，让灰色的天空变成蓝色，加强饱和度和色相之间的对比，夕阳变得更加明显，如图6-8所示。

图6-7

图6-8

至此，调色的概念已讲解完毕。扫描图6-9所示二维码，可观看教学视频，回顾本节学习内容。

图6-9

第2节 色彩的基础知识

既然要学习调色，就不能单纯学习如何用工具对色彩进行调整，还必须知道色彩是什么，色彩为什么会好看，色彩该如何搭配等。只有理解了最基本的色彩理论，才能自如地调出自己想要的色彩。

知识点 1 影调

影调，也被称为三大阶调，指的是图像的亮调（高光）、灰调（中间调）和暗调（阴影）。亮调指的是画面中相对较亮的区域，如图6-10中皮肤的部分，灰调指的是画面中看起来不太亮也不太暗的区域，暗调指的是画面中较暗的区域，如图6-10中头发的部分。大部分的影调人们用肉眼就能直接感受到。

影调指的是明暗关系，与色彩无关。在对画面的色彩进行调整时，通常会根据影调来调整局部色彩，进行色彩搭配，因此理解影调的知识，才能更好地调色。

图6-10

知识点 2 色彩三要素

色彩三要素指的是描述色彩的3个维度——色相、饱和度和明度。

色相

色相指的就是人们口中常说的"赤橙黄绿青蓝紫"。色相通常以色轮的方式呈现，如图6-11所示。颜色在色轮上的位置需要记忆，特别是图6-11中重点标注的红、品红、青、蓝、绿、黄6种颜色的位置以及它们的相对位置。因为在Photoshop中进行调色时，大多数的调色都是以这6个颜色为锚点来进行的，如果不知道这几个颜色在色轮上的位置关系，就无法对色彩进行准确的调整。

这里提供一个记忆的小窍门。色轮一圈为360°，红色位于0°的位置，红、绿、蓝互相相距120°。而红色相对的颜色是青色，位于180°的位置，青色、黄色、品红也互相相距120°。这6个颜色每个之间相隔60°。

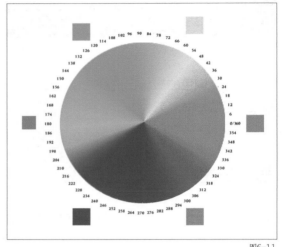

饱和度

饱和度指的是色彩的鲜艳程度，饱和度越高，颜色越鲜艳，饱和度越低，颜色越灰暗，如果饱和度调整到最低，图像就会变成黑白色。

图6-11

明度

明度指的是色彩的明暗程度，明度越高，颜色越亮，明度越低，颜色越暗。如果明度调整到最高，颜色将变为纯白，相反，颜色将变为纯黑，这两种情况下，其余色相都会消失。

掌握色彩三要素的知识，可以将一个颜色调成另外一个颜色，如图6-12所示。调整的方法是选中颜色区域，先调整色相，如将蓝色调整为绿色，然后根据颜色的鲜艳程度和亮度来调整饱和度和明度。

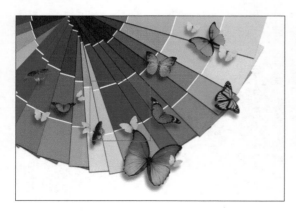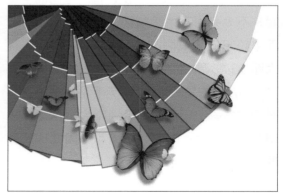

图6-12

扫描图6-13所示二维码，可观看使用颜色三要素来变换颜色的教学视频。

图6-13

知识点 3　色彩模式

色彩模式有很多，最常用的是RGB模式和CMYK模式。色轮中需要记忆的6种颜色，就包括RGB模式的红、绿、蓝，以及CMYK模式的青、品、黄。

RGB模式是加色模式，颜色越叠加越亮，红、绿、蓝3种颜色叠加在一起就会得到白色，这3种颜色两两叠加，就会得出青、品、黄3种颜色。CMYK是减色模式，颜色越叠加越暗，青、品、黄3种颜色叠加在一起就会得到黑色。两种颜色模式的叠加效果如图6-14所示。

所有图片的呈现方式都可以简单分为两类，一类是通过显示器呈现的，也就是设备自己发光呈现出图片，如投影、手机、iPad等，这种图片需要运用RGB模式。另一类图片是通过印刷呈现的，如书籍、海报、照片等，这些图片是通过油墨颜料的叠加来体现色彩的，这种图片需要运用CMYK模式。

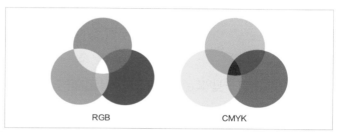

图6-14

知识点 4　色彩的冷暖感知

任何人看到某一个颜色后都会有一些感受，或接收到颜色携带的信息。在调色时，需要了解色彩给人的感受，才会更好地传达色彩信息。其中，最基本也是最直观的一种感受就是色彩的冷暖。

有一些颜色给人的感受是寒冷的，如图6-15中的蓝色、青色、绿色。实际上，绿色是一个中性色，不过大部分人会觉得绿色看起来是偏冷的。

绿　　　　　青　　　　　蓝

图6-15

图6-16所示的是自然界中的冷色，这些照片给人的感觉都比较干净，或比较清凉、寒冷。

图6-16

图6-17展现的是商业图片中冷色的运用。可以看到，所有图片要么让人感觉特别干净，要么让人感觉比较冷酷、硬朗。

图6-17

相对的，有一些颜色给人的感受是温暖的，如图6-18中的红色、黄色、橙色。其中，洋红跟绿色一样，也是中性色，不过大部分人会觉得洋红看起来是偏暖的。

红　　　橙　　　黄

图6-18

图6-19所示的是自然界中的暖色，这些照片会给人温暖、温馨、热烈、火热等感受。

图6-19

图6-20展现的是商业图片中暖色的运用。可以看到，所有图片要么让人感觉特别温暖、温馨，要么让人感觉比较热烈、尊贵等。

图6-20

知识点5　色彩的艳丽和素雅

　　色彩饱和度的变化也会给人完全不同的感受。当色彩的饱和度较高时，画面会特别艳丽，如图6-21所示；当饱和度降低时，同样的一个画面却能呈现素雅的感觉，如图6-22所示。

图6-21

图6-22

知识点6　色彩的性格属性

　　色彩还具有性格属性，如红色给人精力旺盛、冲动的感觉，黑色给人稳重的感觉等，常见的色彩性格属性如图6-23所示。了解这些色彩特征，就能在保证画面美观的情况下，传达更多有效信息（注意，在不同的文化中，对于颜色的理解也有所不同，在使用之前要摸清受众的颜色偏好）。

> **红色**：冲动，精力旺盛，具有坚定的自强精神
> **橙色**：对生活富于进取，开朗，和蔼
> **黄色**：胸怀远大理想，有为他人献身的高尚人格
> **绿色**：不以偏见取人，胸怀宽阔，思想解放
> **蓝色**：性格内向，责任感强，但偏于保守
> **紫色**：缓和放松的颜色，高雅，浪漫，神秘
> **黑色**：强大，沉稳，影响力，时髦，严肃

图6-23

知识点 7 色彩搭配

色彩搭配指的是色彩对比方式。一般情况下，可以把色彩对比方式简单分为4类——同类色、邻近色、对比色和互补色。

同类色

同类色，指的是画面中颜色的色相比较相近的搭配，通常是色轮中相距45°的色彩搭配，如图6-24所示。同类色搭配比同色系搭配显得颜色更丰富一些，同时色相柔和，颜色过渡看起来也很自然，如图6-25所示。

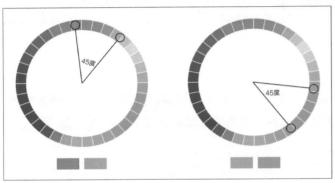

图6-24

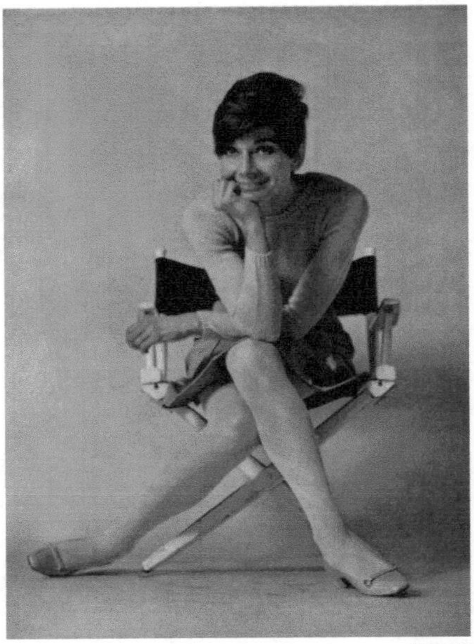

图6-25

邻近色

邻近色，指的是色轮中相距90°的色彩搭配，如图6-26所示。这一类搭配在画面色彩丰富的情况下，也不会让人觉得突兀。以图6-27为例，画面中的颜色非常丰富，但不会给人刺眼的感觉，整体感受是稳重的。

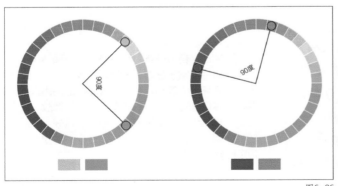

图6-26

图6-27

对比色

对比色，指的是色轮中相距120°的色彩搭配，如图6-28所示。这一类搭配通常呈现华丽的氛围，如图6-29所示。对比色能强化视觉中心，小面积使用对比色会增强画面视觉冲击力。

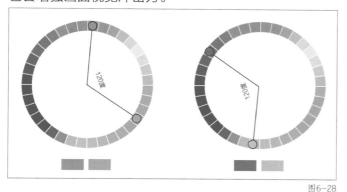

图6-28

图6-29

互补色

互补色，指的是色轮中相距180°的色彩搭配，如图6-30所示，是所有色彩搭配中对比最强烈的一种。这一类搭配通常用来凸显画面中的一个对象。图6-31中为了使房子在环境中更突出，设计师运用了互补色来设计房子的外部视觉。

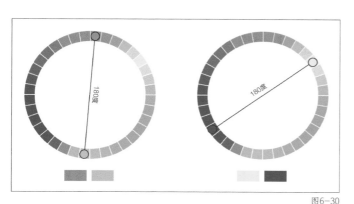

图6-30

图6-31

至此，色彩的基础知识已讲解完毕。扫描图6-32所示二维码，可观看教学视频，回顾本节学习内容。

图6-32

第3节 调色的工具及方法

掌握色彩的基础知识后，就可以开始动手给图像调色了。本节将讲解 Photoshop 中常用的调色工具——曲线、色相/饱和度、色彩平衡、可选颜色和黑白——的使用方法。

知识点 1 调整图层与调色命令

在 Photoshop 中使用调整图层或调色命令都能进行调色。调整图层位于"图层"面板，如图6-33所示；调色命令位于"图像"菜单下的"调整"菜单中，如图6-34所示。调整图层与调整命令的功能基本一致。

调整图层与调色命令最大差别在于，使用调色命令对图片进行调整，其改变是不可逆的，会破坏原来图片的像素，属于破坏性编辑。而使用调整图层，所有的调色结果都

图6-33 图6-34

将放在一个新的图层上，属于非破坏性编辑。因此，对图片进行比较复杂的调色处理时，建议使用调整图层。调整图层结合蒙版，对图片的局部进行精细调整，操作起来更加方便，还可以方便后续的修改和编辑。

知识点 2 曲线

"曲线"是常用的调色工具之一，几乎可以满足所有的调色需求，需要重点掌握。曲线可以调整图片的明暗和色彩。

认识曲线

给图片添加曲线调整图层后，"属性"面板将出现曲线调整的坐标轴，以RGB模式为例，如图6-35所示。这里简单地讲解一下曲线坐标轴中横轴和纵轴代表的含义。

横轴代表的是像素的明暗分布，最左边是暗调，最右边是亮调，中间就是中间调。

曲线中的对角线

"曲线"中间有一根对角线，操作曲线其实就是调整对角线的位置。在对角线上单击就可以建立一个点，然后对它进行上下调整。

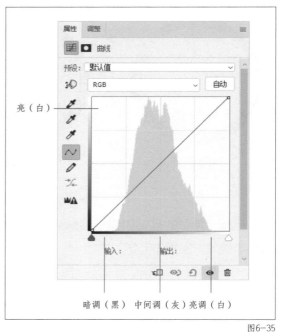

图6-35

将点往上调整，对角线就会移动到原来位置的上方，图片就会变亮；将点往下调整，对角线就会移动到原来位置的下方，图片就会变暗，如图6-36所示，这就是使用曲线的基本方法。

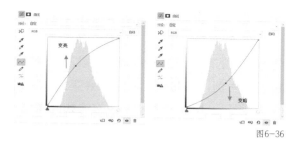

图6-36

使用曲线时，一定要上下拖曳，不要左右拖曳。一旦将点左右拖曳，说明图像调整的目标还不明确。

坐标轴上创建的点代表的是控制画面哪个影调的部分，主要对应的是横轴。图6-37中的点代表调整的是图片的亮调，点往上调就是让亮部变亮。

图6-37

用曲线进行局部调整

调整后，图片不仅亮部变亮了，整体也都变亮了，这是因为曲线调整的不只是一个点，对角线上的其他点也向上调整了。如果只想调整局部，可以在对角线上增加多个点。在上面的例子中，如果只想调整亮部，保持暗部不变，可以在暗部增加点，并将暗部的曲线调整回原对角线的位置，如图6-38所示。

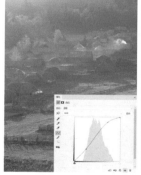

图6-38

对角线上创建的点越多，可以调整得越细致，但创建的点不是越多越好。调整的点太多了，图片就会失真。通常在亮调、中间调、暗调3个位置创建点进行调整就足够了。

用曲线增强图片对比

遇到图片较"灰"的情况，可以通过调整最亮和最暗的点来增强对比，让图片看起来更清晰，如图6-39所示。

图6-39

用曲线调整色相

　　除了调整影调，在"曲线"面板中还能针对不同的颜色通道进行调色。以RGB的红色通道为例，将曲线上调图片会变红，如图6-40所示。其他通道的调色方法如此类推。使用曲线调色时，同样也可以创建多个点实现细节调整。

　　至此，使用曲线工具的要点已讲解完毕。扫描图6-41所示二维码，可观看教学视频，学习曲线工具调色的详细操作。

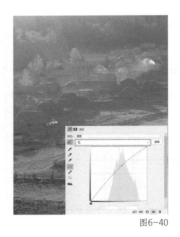

图6-40

图6-41

知识点 3　色相／饱和度

　　"色相/饱和度"主要用于调整色彩三要素——色相、饱和度和明度。给图片添加色相/饱和度调整图层后，"属性"面板如图6-42所示。

　　调整色相改变图片的颜色，对图6-42调整色相后的效果如图6-43所示。

图6-42

图6-43

调整饱和度改变色彩的鲜艳程度，对图6-42提升饱和度后的效果如图6-44所示。

调整明度改变色彩的明暗程度，对图6-42提升明度后的效果如图6-45所示。这里需要注意，色相/饱和度中的明度指的是颜色的明暗，而不是影调的明暗，与使用曲线提亮图像有很大区别。使用明度"调亮"将导致颜色丢失，图片变"灰"。

图6-44

图6-45

在实际操作中，很少对图片的整体色相进行调整，进行局部微调居多。如果希望调整图6-42中的草地颜色，可在"调整"面版中选择"黄色"（因为图中草地颜色偏黄，所以选择"黄色"，而不是"绿色"），再调整其色相，如图6-46所示。

至此，使用色相/饱和度工具的要点已讲解完毕。扫描图6-47所示二维码，可观看教学视频，学习色相/饱和度工具调色的详细操作。

图6-46

图6-47

123

知识点 4 色彩平衡

"色彩平衡"是最简单的调色工具，常用于图片颜色的整体或局部细微调整，如照片的冷暖调整等。给图片添加色彩平衡调整图层后，"属性"面板如图6-48所示。

使用色彩平衡调色时，调整需要改变的颜色参数即可，如想将颜色调整得偏红一点，就将调节点往红色的方向移动。

图6-49是一张中间调照片，没有明显的冷暖倾向。通常情况下，一个吸引人的画面都需要有一个明确的冷暖色调。结合这张照片的内容，偏冷色会更符合其整体氛围。在"色彩平衡"面板中增加青色和蓝色，就可以增加照片的冷色调，如图6-49所示。

在"色调"选项中选择"中间调"时，调整的并非是图像的中间调部分，而是图片整体的颜色；选择"高光"时，图像亮部区域变化更大；选择"阴影"时，图像暗部区域变化更大。

最下方的"保留明度"选项一般默认勾选，若不勾选，调整颜色时只有颜色发生变化，图像的明暗是不变的，这样图像看起来会脏。

图6-48

图6-49

至此，使用色彩平衡工具的要点已讲解完毕。扫描图6-50所示二维码，可观看教学视频，学习色彩平衡工具调色的详细操作。

图6-50

知识点5 可选颜色

　　"可选颜色"是Photoshop调色工具中不需要做选区就可以对局部进行调整的工具之一，通常用来调整一些边缘复杂，但是颜色与其他区域色相相距较大的区域。给图像添加可选颜色调整图层后，"属性"面板如图6-51所示。可选颜色源于印刷调色，因此以CMYK的参数进行调整。

　　"可选颜色"的调整方法很简单，选择想要调整的颜色区域，拖曳对应的参数控点即可。如果想要降低图6-51中红土地的饱和度，可在颜色一栏选择"红色"，再增加青色的参数（在CMYK模式下没有"红色"选项，青色是红色的互补色，增加青色即减少红色），调整效果如图6-52所示。想要用好可选颜色，需要熟悉颜色的补色关系。

图6-51

图6-52

　　"可选颜色"面板前3个参数——"青色""洋红""黄色"——是用来调整色相的，而"黑色"参数用来调整颜色的明暗，也就是明度。

　　"可选颜色"面板下方的"相对"和"绝对"选项用于控制颜色的调整程度。如果需要重度调整，选择"绝对"选项；仅需轻度调整，选择"相对"选项。

　　使用"可选颜色"进行调整时，如果想让颜色变化更明显，可以调节多个参数。以图6-51为例，想要调整植物的色调，让图片主体呈现出统一的暖色调，可增加可选颜色调整图层，选择植物的颜色区域，减少青色，增加少量洋红，增加黄色，效果如图6-53所示。注意，调整植物时不仅可以调整绿色，还可以调整黄色，本图中调整黄色部分变化更大。

　　至此，使用可选颜色工具的要点已讲解完毕。扫描图6-54所示二维码，可观看教学视频，学习可选颜色工具调色的详细操作。

图6-53

图6-54

125

知识点 6 黑白

"黑白"工具用于将图片调整为黑白效果，如果想让图片变成黑白色，为其添加黑白调整图层即可。给图片添加可选颜色调整图层后，"属性"面板如图6-55所示。

图6-55

在Photoshop中把一张图片变为黑白色的方法有很多，如直接把饱和度降到最低，或使用"编辑-调整-去色"命令。其中更推荐使用黑白调整图层，因为黑白调整图层除了把图片变为黑白色，还可以进一步对画面中的影调，也就是明暗进行调整。

图片变成黑白色后，容易让人感觉变"灰"，立体感降低，这是因为颜色也保存了明暗信息，去掉颜色后，图片便丢失了明暗对比。使用黑白调整图层，可以调整局部黑白效果的明暗，增强对比度。以图6-55为例，原图中黄色部分带有光的质感，显得更亮，在调整时，可以增加黄色的亮度，同时降低原天空区域蓝色的亮度，达到增强对比的效果，如图6-56所示。

至此，使用黑白工具的要点已讲解完毕。扫描图6-57所示二维码，可观看教学视频，学习黑白工具调色的详细操作。

同时，调色的工具及方法已讲解完毕。扫描图6-58所示二维码，可观看教学视频，回顾本节学习内容。

图6-57

图6-56

图6-58

第4节 调色综合案例

在实际操作中，通常需要分析图片并灵活运用多种调色工具才能调出理想的图片效果。本节将通过颜色校正、复古色调、干净通透色调和时尚大片色调4个案例讲解使用Photoshop调色的标准流程和方法。这些流程和方法也可应用在其他调色项目中，读者学习后可举一反三。

案例1 颜色校正

本案例主要讲解如何校正图片中的颜色，这是设计师和摄影师经常会碰见的情况。

分析原图

图6-59是一张食品的广告图，图片主体是中间的肉排。原图的主色调是暖色，导致整张图片看起来有点脏。原因有两个：一个方面是主体的肉排看起来偏灰，同时橘黄色色调导致肉排看起来不新鲜，在人们心中，新鲜的肉应该更加红润；另一个原因是画面中的环境主体为黑色，整张图片呈现暖色调，所以背景的黑色会显得很脏，有一种土黄色的感觉。所以这张图片需要通过颜色校正，让肉排的颜色看起来更加新鲜，更有食欲，同时让图片整体看起来更干净。

图6-59

使用曲线调整整体色温

调整色温需要用到曲线工具中的红色和蓝色两个通道，将红色通道的曲线向下调，将蓝色通道的曲线向上调，这样就可以让图片呈现冷色调。

因为拍摄的是一个产品，通常情况下，对比度越强，图片看起来越清楚，越有质感。所以，再使用整体的曲线稍微增添一些对比。使用曲线添加对比的方法是，在亮部区域建立一个点并向上拖曳，同时再在暗部区域建立一个点往下拖曳，让曲线的对角线呈现S形。调整后的图片效果如图6-60所示。

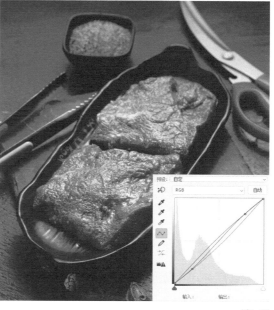

图6-60

127

局部调色

这一步主要调整画面主体——肉排。首先创建可选颜色调整图层，选择"红色"，降低青色的参数，提升黄色的参数，让肉排看起来加红润。在可选颜色调整图层上使用蒙版，擦除调料等区域，避免衬托物抢夺主体的视觉重心。

接着创建肉排的选区，增加曲线调整图层，再给肉排加一点对比度，让肉排的质感更加强烈一些。调整后的图片效果如图6-61所示。

调整环境，突出主体

为了在一个杂乱的环境中突出主体，需要为图片制作暗角。先使用套索工具大致选中画面主体，然后应用羽化并反选。为了让暗角效果过渡自然，这里羽化的数值要设置得大一些，可以设置为300至400像素。然后新建一个曲线调整图层，选择曲线的最右边的点并向下移动。

为什么不是在中间建立一点向下调整？

因为暗角实际上是要让高光消失，让四周不再抢眼，而不是让图片整体变暗。用压低高光的方式做出来的暗角会更自然。调整后的图片效果如图6-62所示。

图6-61

图6-62

添加高光

最后还可以添加高光以此为图片整体添加质感。

首先，选中背景图层，按快捷键Ctrl+Shift+Alt+2，可以得到画面亮部的选区。然后，创

建亮度/对比度调整图层，稍微提升亮度和对比度。画面中的高光区提亮以后，整体会变得更具质感。图片的最终效果如图6-63所示。

至此，颜色校正案例的关键步骤就讲解完了。扫描图6-64所示二维码，即可观看教学视频，学习本案例详细操作步骤。

图6-63　　　　　　　　　　　　图6-64

案例 2　复古色调

本案例将讲解打造复古色调的调色方法。

首先，想要打造复古色调，所选择的图片必须符合一定的条件，就是画面中要具备复古的元素，如中式建筑等。画面中具备复古的内容才能跟色彩的情感表达相互匹配。

分析原图

图6-65是一张暗调为主的图片，符合复古的氛围。如果图片看起来很透亮、干净的话，就没有复古的感觉了。画面中有明确的光影构造，拍摄环境是一个复古的中式建筑，而且人物穿着旗袍，这些都满足调整复古色调的条件。

这张图片因为是在室内拍摄的，所以整体偏暗，虽然可以看到光线，但是光感不够强烈，图片显得比较的灰暗。这是整张图片最大的问题。因为复古色调实际上是暗调，图片整体对比较弱，同时整体呈现暖色调，所以图片的整体感觉也需要按照这个方向调整。

图6-65

加强光感

第一步需要加强光感，让画面中本身亮的区域变得更亮，光线照射到房间中的感觉更加明显。在"通道"面板中选择对比最大的绿色通道，创建选区，然后新建曲线调整图层，将曲线向上调，提亮亮部区域。

由于光是有色彩的，通常情况下，把画面中的某一个区域提亮或压暗后，一定要同步对色彩进行调整。这张图片中的光线是阳光，在人们心中阳光应该是非常温暖的橙色，在曲线面板中，还需要将红色通道曲线往上调，将蓝色通道曲线往下调。

这样就能得到一个光线更加亮和温暖的效果，如图6-66所示。

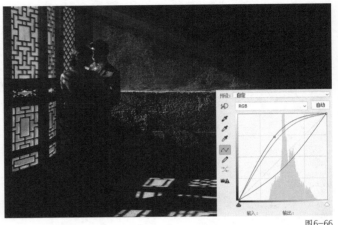

图6-66

提亮主体人物

提亮亮部后，图片的光线感还不是特别强烈，主体人物依然偏暗，因此这一步需要提亮人物，进一步加强光感。使用快速蒙版，然后利用渐变工具在人物周围创建渐变的选区，接着再次创建曲线调整图层，将画面稍微提亮一些，然后添加暖色。调整后的图片效果如图6-67所示。

图6-67

调整细节

调整完整体的光线后，还可以对局部细节进行调整，如添加可选颜色调整图层，让光线偏橙色，更有温暖的感觉；添加色彩平衡调整图层，给暗部添加一些冷色，增强色彩对比，让画面看起来不那么单调；最后使用曲线调整图层，将最左边的点稍微向上调，最右边的点稍微向下调，降低图像的对比度，使其偏"灰"。这样图像就更符合复古的感觉了。图像调整的最终效果如图6-68所示。

图6-68

至此，复古色调案例的关键步骤就讲解完了。扫描图6-69所示二维码，即可观看教学视频，学习本案例详细操作步骤。

图6-69

案例3 干净通透色调

本案例将讲解打造干净通透画面的调色方法。干净通透通常指的是画面中的明暗对比正常，色彩还原度高。只要满足这两个条件，画面就可以给人干净通透的感受。

分析原图

图6-70是一张典型的不够干净通透的照片。有以下两个原因，一是画面整体偏暗，画面中有大面积的黑色区域，图像辨别度不高，无法给人通透的感受；二是色彩"不真实"，夕阳、水面的色彩不符合人们的心理预期。所以接下来需要对照片的明暗进行调整和色彩还原，使其看起来更加干净。

图6-70

调整明暗和对比

首先解决图片偏暗的问题。创建曲线调整图层，在暗部建立一个点，将其向上调整，让图片整体变亮。因为天空等亮部区域已经很亮了，所以再在亮部建立一个点，把天空的区域还原回来，甚至可以稍微调得更暗一点，让天空呈现更多细节，方便后续赋予色彩。

提亮暗部区域的同时，可以创建亮度/对比度调整图层，给图片稍

图6-71

微添加一点对比，让暗部变亮的同时不偏灰。调整后的图片效果如图6-71所示。

调整局部色彩

这一步分别调整局部的色彩，调整的区域主要是天空和水面。

首先，使用快速选择工具将天空区域选择出来，可以配合"选择并遮住"功能调整天空区域的边缘。接着，创建曲线调整图层，对天空进行压暗处理。从图6-72中可以看到，只要把

天空的明度降低，天空中的色彩饱和度就会随之提高。

接下来就是对水面的调整。同样，使用快速选择工具将水面选择出来，给选区添加羽化值，让选区的边缘过渡更加自然。然后，创建色相/饱和度调整图层，吸取水面的颜色，把它的色相稍微往蓝色调整一些，同时把饱和度稍微提高一些。如果想要水面更亮一点，也可以加一点明度。

图6-72

这时水面还是不够通透，因此创建曲线调整图层，把它暗部压暗，亮部提亮，让水面看起来更加清晰。调整时要注意画面的近实远虚。使用蒙版，配合画笔工具，将远处的水面涂抹得自然一些。水面调整后的效果如图6-73所示。

调整细节

最后，创建自然饱和度调整图层，给图片整体提升饱和度。还可以给图片添加高光，选中背景图层后，按快捷键Ctrl+Shift+Alt+2，得到一个亮部选区，然后创建曲线调整图层，稍微提亮高光区。最终效果如图6-74所示。

图6-73

至此，干净通透色调案例的关键步骤就讲解完了。扫描图6-74所示二维码，即可观看教学视频，学习本案例详细操作步骤。

图6-74

案例 4 时尚大片色调

本案例将讲解打造时尚大片的调色方法。

时尚大片通常其画面视觉冲击力相对较强，颜色比较特别。所以在这一类色调调整中，一般都会做一些偏色的处理，运用视觉冲击力较强的配色关系，让整体的对比——无论是明暗对比还是色彩对比——比较强烈。

分析原图

图6-75整体看起来较灰，且图片整体较亮，导致色彩饱和度相对较低。同时因为它是在自然光下拍摄的照片，所以画面的颜色比较正常，看起来很普通，没有亮点。

调整影调，提升对比

首先需要增强图片的对比。因为不是要把图片整体都调整为暗调，而是需要保留光感，所以要将中间调压暗。创建曲线调整图层，在中间调位置创建点，将点向下拖曳，再在高光区域创建点，将高光区域曲线复原。调整后照片对比度明显提升，效果如图6-76所示。

调整局部色彩

这张照片最大的问题就是色彩普通。为了增强色彩的对比，需要创建可选颜色调整图层，选择人物的主要颜色为黄色，通过减少青色、增加黄色，来让人物的区域偏暖一些；在可选颜色中选择背景的主要颜色为青色，通过增加青色、减少黄色，来让背景偏冷。调整后的图片效果如图6-77所示。

调整细节

调整色彩后，还需要调整细节。人物腿部的饱和度过高容易抢夺视线，因此创建色相/饱和度调整图层。使用蒙版，将腿部的饱和度降低，调整至不抢眼即可。还可以创建曲线调整图层，加强衣服的对比度，让衣服看起来更清楚。调整后的图片效果如图6-78所示。

图6-75

图6-76

图6-77

133

给亮部和暗部赋予色彩

最后，还可以给画面中的亮部和暗部分别赋予一些比较特别的颜色。比较常用的方式就是为暗部加上一些蓝色，为亮部加上一些黄色、橙色这样的暖色。首先，选中背景图层，按快捷键Ctrl+Shift+Alt+2，得到一个亮部的选区，创建亮度/对比度调整图层，提升亮度和对比度，效果如图6-79所示。然后，创建可选颜色调整图层，选择黑色，把黄色的数值降低，也就是给暗部加蓝。这样可以得到一个偏蓝、偏紫的背景，如图6-80所示，给人神秘的感觉。

图6-78

图6-79

图6-80

至此，时尚大片色调案例的关键步骤就讲解完了。扫描图6-81所示二维码，即可观看教学视频，学习本案例详细操作步骤。

同时，调色的综合案例已讲解完毕，扫描图6-82所示二维码，可观看教学视频，回顾本节学习内容。

图6-81

图6-82

本章模拟题

1. 匹配题

将Photoshop中"破坏性"和"非破坏性"对应的相关描述进行连线。

A. 破坏性

B. 非破坏性

1. 更改图片的原始数据

2. 对图片做出的改变容易移除

3. 对图片做出的改变难以移除

4. 不改变图片的原始数据，以覆盖的形式变更

提示 1.非破坏性编辑允许对图片进行二次更改，而不会破坏原始图片数据，不会降低图片品质。

2.可以通过以下几种方式在 Photoshop 中执行非破坏性编辑。

a.使用调整图层 b.使用智能对象 c.使用智能滤镜 d.在单独的图层上涂鸦或修图 e.在 Camera Raw 中编辑 f.将相机原始数据文件作为智能对象打开 g.非破坏性裁剪 h.使用蒙版

参考答案

本题正确答案为A-1、3，B-2、4。

2. 单选题

在设计海报时，需要将边框素材转换成黑白图片。以下哪个选项可以以非破坏性操作将彩色图片转换成黑白图片？

A. 在彩色图片的图层上创建黑白调整图层

B. 将图像模式从"RGB颜色"更改为"灰度"

C. 在色阶调整图层中，将亮光输出色阶调整为127或更低

D. 执行"图像–调整–色相/饱和度"命令并将饱和度设置为0

提示 1.非破坏性编辑允许对图片进行更改，而不会破坏原始图片数据，不会降低图片品质。

2.Photoshop中非破坏性编辑的方式包括使用调整图层、使用智能对象、使用智能滤镜、使用蒙版等。

参考答案

本题正确答案为A。

3. 操作题

以非破坏性方式将图6-83的背景处理为黑白，同时保留装饰和文字图层的颜色。

参考答案

（1）添加黑白调整图层可以以非破坏性方式调整图像。

（2）"图层"面板中已存在黑白调整图层，因此只需将"图层"面板中的黑白调整图层拖曳到背景图层的上方即可。

图6-83

4.操作题

请将图6-84的"自然饱和度"提升至+50或以上，但不要改变背景图层中的任何像素。

参考答案

（1）单击"图层"面板中的"创建调整图层"按钮。

（2）选择菜单中的"自然饱和度"。

（3）调整自然饱和度至+50或以上。

图6-84

5.操作题

使用非破坏性方法，把图6-85的背景改成"深褐"色调，但保持画面中的人物是彩色的，增加整张照片的复古氛围。

参考答案

（1）单击"图层"面板中的"创建调整图层"按钮。

（2）选择菜单中的"色相/饱和度"。

（3）在弹出的面板中"预设"一栏选择"深褐"。

图6-85

作业：风景调色

使用提供的素材完成风景的调色。

提供的素材

完成范例

核心知识点 调整图层的使用

尺寸 原图尺寸

颜色模式 RGB色彩模式

分辨率 72ppi

作业要求

（1）使用调整图层，提高素材的饱和度，使图像色彩不再灰暗，同时让蓝天和雪山的颜色更纯净。

（2）掌握调整图层的使用方法和图像调色的方法。

（3）提交JPG格式文件。

第 **7** 课

修图
——人像、产品的修复与美化

本课从修图的概念讲起，强调了修图对人物、产品和
风景等图片美化的重要性。本课将讲解修图的理论知
识与工具的使用技巧。修图基础知识包括光影关系和
形体美学；修图工具包括修复工具和形状调整工具。
最后，本课通过人物形体修饰、人物面部修饰和产品
修饰3个案例，帮助读者了解修图的标准流程，熟悉修
图工具的使用。

第1节 修图的概念

修图是什么？修图指的是对人物、静物和风光图片进行修饰，在摄影、设计、出版、电商等领域被广泛运用。

修图通常可以分为以下几类。

人物形体修饰

以图7-1为例，通过对人物形体的修饰，可以更好地展现服装在人物身上的穿着效果，凸显服装的美观，从而促进产品的销量。

图7-1

人物皮肤修饰

对人物的修饰还包括对人物皮肤的修饰。随着技术的发展，相机的像素越来越高，拍摄人物时，如果图片要用于较大幅面的展示，那么人物皮肤上的瑕疵就会被放大。通过后期修图处理，可以提升皮肤的质感，让人物的皮肤状态看起来更好，如图7-2所示。

图7-2

产品修饰

　　产品修饰通常指的是对产品的瑕疵（常指工业瑕疵），以及拍摄时的穿帮进行修饰，让产品更加突出，同时提升产品的质感和观感，让产品看起来更加美观，如图7-3所示。

图7-3

风景的修饰

修图还包括对风景的修饰。修图可以让一些美观的场景或绚丽色彩，在图片中重新呈现出来，如图7-4所示。

图7-4

至此，修图的概念已讲解完毕。扫描图7-5所示二维码，可观看教学视频，回顾本节学习内容。

图7-5

第2节 修图的基础知识

只了解软件的操作是无法胜任修图工作的，修图必须有基本的理论知识作为依据和引导。这一节将讲解修图中最常用的基础知识——光影关系和形体美学。

知识点 1 光影关系

光影关系指的是光线照射到物体后呈现的明暗关系。一个物体只有产生了明暗变化，才能在平面中呈现立体感。光影关系是一个画面最基础的要素。光影关系包括了三大面和五大调子。

三大面

一个物体受到光线照射后会呈现不同的明暗变化，受光的区域比较亮，被称为亮面；侧面的区域被称为灰面；背光的区域被称为暗面。这就是三大面。

五大调子

五大调子是对三大面的细分，球体受光后的五大调子如图7-6所示。下面详细讲解五大调子的具体含义。

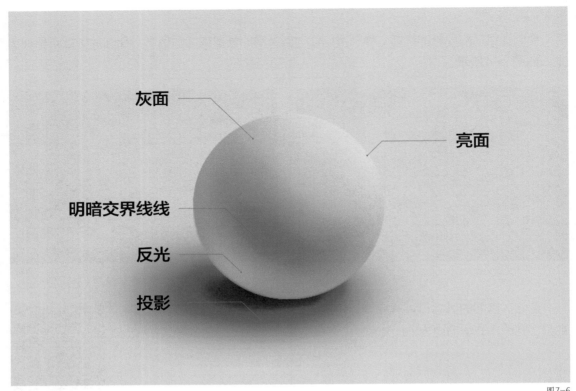

图7-6

第1个是亮面，也就是受光面，通常指物体受到光线直射的区域，受光最强。受光面的受光焦点叫"高光"，一般只有在光滑的物体上才会出现。在修图时通常会使用高光去体现物体的质感。

第2个是灰面，也就是中间色面，是指物体受到光线照射的侧面区域和明暗交界线的过渡地带。该区域明暗丰富，层次也较丰富。

第3个是明暗交界线，由于它受到环境光的影响，又不受到主要光源的照射，因此对比强烈，这里通常是一个物体上最暖的区域。

第4个是反光，指的是暗部由于受到环境或物体的反射光线照射而产生的反光。反光位于暗部区域，一般比亮部的颜色更深一些。它不是整个物体上最暗的区域，相对明暗交界线来说，它要亮一些。

第5个是投影。只要是物体，受到光线照射以后就会产生影子。通常情况下投影的边缘离物体越近越清晰，离物体越远越模糊。

光影关系在修图中的运用

在修图过程中，需要判断图片呈现的光影关系是否正确，如果发现了不正确的光影关系，就需要对其调整，让画面呈现正确的透视关系，让物体在平面中更好地表达具体的形状和位置。

知识点 2 形体美学

在对人物进行修饰时，了解什么是"美"很有必要，因此需要学习人物形体美学方面的知识。

人体比例关系

标准人体的比例为身高是头的7~7.5倍，因为通常男生比女生会高一些，所以女生的头身比一般是1∶7，男生的头身比一般是1∶7.5。人平展双臂的宽度刚好等于身高。衡量人体比例时一般以头的长度为单位，如颈部的长度是1/3个头长，上肢为3个头长，下肢为4个头长，如图7-7所示。在绘画或修图时，一般会把人的头身比稍微夸张，这样可以让人看起来更加修长、美观。

人物在不同的姿势下比例是不一样的。在绘画中有一句口诀——"立七坐五盘三半"，指的就是人在不同姿势时，头部和身体的比例关系，如图7-8所示。这些比例都可以作为实际修图工作时的参考。

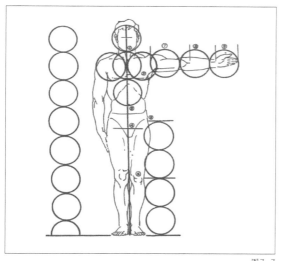

图7-7

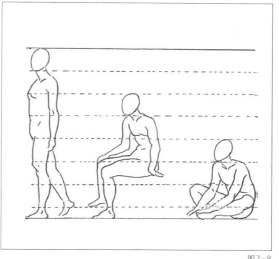

图7-8

脸型

除人体比例外，人的面部在人物的修饰中也非常重要，因为人的面部是人美观与否非常重要的标准之一。

面部调整的重点之一就是脸型。脸型主要由面颅的骨骼决定，常见的脸型分类如图7-9所示。

不同性别有着不同的脸型特点。男性下颌角多凸起、下巴方；女性下巴较尖，下颌角不如男性宽。男性脸型较方直，多为目字脸型和国字脸型；女性脸庞脂肪丰厚，下巴尖而圆，脸颊圆润，多为甲字脸型和申字脸型。

一般情况下，以头部为椭圆形、下巴较尖的瓜子脸或鹅蛋脸为美。对男性而言，除了瓜子脸、鹅蛋脸，国字脸也是好看的脸型，会让男性看起来更加硬朗，更有男性气质。

三庭五眼

除了脸的外轮廓，衡量脸部的美丑还有一个非常重要的五官标准——三庭五眼。三庭五眼的比例如图7-10所示。

三庭是指将脸的长度，即从头部发际到下颌的距离，分为3份，从发际到眉、眉到鼻尖、鼻尖到下颌各分为一份，每一份称为一庭，一共三庭。五眼是指脸型的宽度分为5只眼睛的长度，两只眼睛的间距为一只眼睛的长度，两侧外眼角到耳朵各有一只眼睛的长度。

一个好看的人的面部比例、五官位置一定是符合三庭五眼标准的。修图时，需要观察人物面部特征，依据三庭五眼来衡量是否需要细微地调整面部轮廓和五官的位置关系。

图7-9

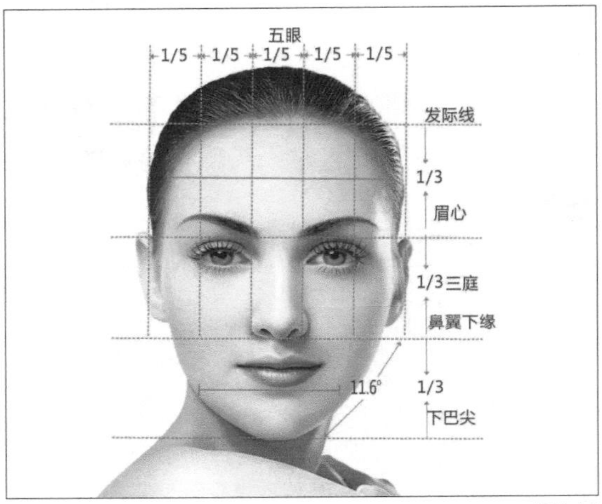

图7-10

标准眼睛

五官的审美也是有标准的，根据这些标准进行修图可以让人物看起来更精致。

标准眼睛指的是外眼角略高于内眼角，内眼角要打开；眼睛在平视时，双眼皮弧度均匀，眼皮压不到睫毛；上下眼睑与黑眼球自然衔接；上下睫毛浓密、卷翘，眼球黑白分明，如图7-11所示。

图7-11

标准眉

标准眉指的是眉毛不能低于眉头，只能略高于或平于眉头；眉头、眉腰和眉尾各占1/3，眉峰占从眉头到眉尾的1/3处；从眉头到眉尾由粗到细，眉头的颜色稀而浅，眉腰密而浓，眉尾细而淡，如图7-12所示。

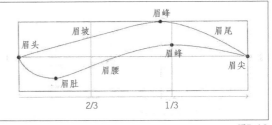

图7-12

标准唇

　　唇部最重要的就是上嘴唇和下嘴唇的比例关系，通常为1:1.5，如图7-13所示。在标准唇中，上嘴唇的唇型一定要有比较明显的唇峰和唇谷，整个上嘴唇的外轮廓是一个弓形，下嘴唇一定要有比较明显的高光唇珠，这样才能更好体现嘴唇的立体感。

标准鼻

　　东方人喜欢比较小巧的鼻子。鼻翼两端不能太宽，要刚好与内眼角的宽度一致，也就是一个眼睛的宽度；鼻梁要高挺一些，眉心至鼻尖要呈现倒三角的状态；鼻侧影不能太暗，不然会显黑。鼻子的比例标准如图7-14所示。

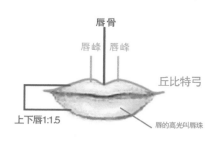

图7-13

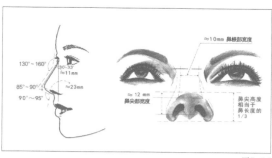

图7-14

　　除了上述基本知识，还需要更多地了解人体的骨骼和肌肉分布、肌肉的形状，这样才能更加自如地修饰人物。

　　至此，修图的基础知识已讲解完毕。扫描图7-15所示二维码，可观看教学视频，回顾本节学习内容。

图7-15

第3节　修图的工具及方法

　　掌握修图的基础知识后，就可以开始动手对图片进行修饰了。本节将讲解Photoshop中常用的修图工具——修复工具和形状调整工具的使用方法。

知识点 1　修复工具

　　在Photoshop中使用修复工具可以修复图像的污点、瑕疵等，常用的修复工具包括污点修复画笔、修补工具、仿制图章工具及内容识别填充功能。

污点修复画笔

　　污点修复画笔位于工具箱，使用方法非常简单。选中污点修复画笔后，调整好画笔的大小，直接在需要修复的位置涂抹，系统将自动修复涂抹的区域，如图7-16所示。在操作过程中，一般不需要更改参数，只需要根据污点或瑕疵的情况调整画笔大小。

　　污点修复画笔常用于修复小面积瑕疵，如人面部的痘痘等，或区域环境单一的物体。若修复面积较大、环境复杂的区域，系统识别容易出现误差。

图7-16

修补工具

修补工具与污点修复画笔位于工具箱的同一工具组中，如图7-17所示，其使用方法与套索工具类似。选中修补工具后，在画布上圈选需要修复的位置，形成选区，当鼠标光标如图7-18所示时，按住鼠标左键拖曳选区，选择与修复区域环境类似的干净区域进行修补，在待修复位置可以看到修补效果预览，如图7-19所示，图片最终的修复效果如图7-20所示。

使用修补工具时可以进行选区的增加或删减，以便更精确地操作。按住Shift键可以增加增加选区，按住Alt键可以删减选区。

图7-17　　　　　　　图7-18　　　　　　　图7-19　　　　　　　图7-20

修补工具适用于形状或环境较复杂的情况，在进行大面积修复时效率更高。需要注意的是，修复大面积区域时要尽量精准地选择区域，这样修复的效果更佳。

仿制图章工具

仿制图章工具位于工具箱中，如图7-21所示，是通过取样对图片进行覆盖来达到修复效果的工具。若想修复图7-21中人物嘴角的痣，在选中仿制图章工具后，需要按住Alt键，然后单击取样点进行取样。取样时鼠标光标如图7-22所示。取样后在需要修复的区域涂抹，涂抹时画笔区域将显示图片覆盖效果预览，如图7-23所示。画笔旁的十字光标指示的是当前的取样位置。图片修复完成后的效果如图7-24所示。

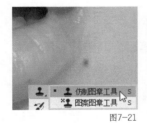 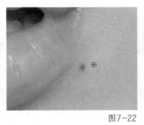 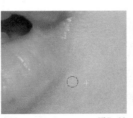 

图7-21　　　　　　　图7-22　　　　　　　图7-23　　　　　　　图7-24

使用仿制图章工具时，可在属性栏调节画笔的不透明度，让效果更自然。使用仿制图章工具的关键在于取样点的选择，要尽量选择与目标环境、色调相近的取样点，在使用的过程中取样点可随时更换、调整。

仿制图章工具在人物修图中常用于皮肤、汗毛的处理，而且还可用于大面积污点的修复。

图7-25

内容识别填充

内容识别填充是Photoshop中系统自动运算对图像进行修改的调整工具，使用起来特别方便。以图7-25为例，想要去掉图片右边的纸箱，先用套索工具选中纸箱区域，然后单击鼠标右键，在弹出的菜单中选择"填充"选项。这时系统将弹出"填充"对话框，如图7-26所示。在该对话框的"内容"下拉菜单中选择"内容识别"即可，填充后的效果如图7-27所示。

图7-26

使用内容识别填充功能时，创建选区要尽量精准，选区创建得越精准，填充效果越好。

内容识别填充常用于修复环境相对简单的物体，如去掉图7-25中墙边的纸箱，而图中的书包所处环境复杂，系统将无法计算效果。

图7-27

以上就是常用的几种修复工具的使用方法和适用范围。在实际操作时，一定要灵活运用这些工具，在不同的情况下使用不同的工具，这样可以提高工作效率，更好地完成修复工作。扫描图7-28所示二维码，可观看教学视频，学习更多修复工具的使用技巧和详细操作。

图7-28

知识点 2 形状调整工具

形状调整工具指的是两个命令：一是自由变换，二是液化。使用这两个命令都可以改变对象的形状。

自由变换

自由变换功能的快捷键是Ctrl+T，在修图工作中主要用来移动画面或改变画面的形状。

以图7-29为例，使用自由变换功能可以放大图像，调整主体人物在画面中所占比例，优化构图，如图7-30所示。同时，在自由变换的状态下，借助图7-31所示的参考线，按住Ctrl键，控制单个控点，可以调整画面歪斜的情况，如图7-32所示。

图7-29

图7-30

图7-31

图7-32

提示 1.打开图片后，背景图层默认为锁定状态。双击背景图层，将其转换为普通图层，才能进行自由变换。

2.按快捷键Ctrl+R调出标尺，在标尺上拖曳可创建垂直或水平参考线。

使用自由变换功能可以调整人体的比例。如果想让图7-29中的人物变得修长一些，可以使用矩形选框工具选中人物腿部区域，按快捷键Ctrl+T对选区图像进行自由变换，按住Shift键再向下稍微拉长图像，效果如图7-33所示。此外，还可以通过更改透视进一步调整比例。按快捷键Ctrl+T进入自由变换状态后，单击鼠标右键，在弹出的菜单中选择"透视"选项，然后将图片左上角或右上角控点稍微向图片中央靠近，模拟出低视角拍摄的效果，让人物看起来更加修长，如图7-34所示。

图7-35

以上就是自由变换在修图时的常用操作。扫描图7-35所示二维码，可观看教学视频，学习更多自由变换的使用技巧和详细操作。

图7-33

图7-34

液化

"液化"功能在"滤镜"菜单中，快捷键是Ctrl+Shift+X。液化，顾名思义就是把图片变成像液体一样，可以对其随意地调整形状和位置。液化通常用于处理人物或产品的外轮廓形状。

选中图层后，按快捷键Ctrl+Shift+X，系统将弹出"液化"界面，如图7-36所示。在界面的左边是各种液化工具，选择工具后，右边的"属性"面板中将出现该工具对应的参数。

在液化工具中最常用的是向前变形工具，其使用方法与画笔工具类似，在画面上拖曳需要调整的区域即可。需要注意的是，使用向前变形工具时，要将画笔调整得比调整区域稍大一些，这样可以避免多次拖曳，效果会更加自然。如调整图7-37中人物腰间衣服的褶皱，使用向前变形画笔工具，将画笔大小调节到比褶皱区域稍大，再向内拖曳画笔即可，效果如图7-38所示。

使用向前变形工具时，一般需要设置"浓度"和"压力"参数，参数越大，图片变化程度越大；参数越小，图像变化程度越小。修饰人像一般需要进行细微的调整，因此这两个参数会相应调节得低一些。

　　左推工具和向前变形工具类似，区别在于使用左推工具在调整的边缘涂抹，整条外轮廓线会一起调整。处理左边的外轮廓需要从上至下涂抹，处理右边的外轮廓需要从下至上涂抹。

图7-36

图7-37

图7-38

　　较常用的还有膨胀工具。使用膨胀工具可以对图片进行放大，在进行人物修饰时，可以放大眼睛，如图7-39所示。

图7-39

此外,"液化"中还有重建工具、平滑工具等辅助工具。使用重建工具可以还原液化效果,使用平滑工具可以优化边缘过渡。

以上就是液化在修图时的常用操作。扫描图7-40所示二维码,可观看教学视频,学习更多液化的使用技巧和详细操作。至此,修图的工具及方法已讲解完毕。扫描图7-41所示二维码,可观看教学视频,回顾本节学习内容。

图7-40

图7-41

第4节　修图的典型案例

在实际操作中,修图使用到的工具相对简单,其难点在于对人物的体态、皮肤的质感、产品的质感等方面的掌控。本节将通过人物形体修饰、人物面部修饰和产品修饰3个案例讲解使用Photoshop修图的标准流程和方法。这些流程和方法也可应用在其他修图项目中,读者学习后可举一反三。

案例1　人物形体修饰

本案例主要用到的是液化工具,难点在于需要根据人物形体构造对人物的身材进行调整。

分析原图

图7-42所示是一个外国模特,总体来说模特的身形没有太大的问题,更多的是需要对细节进行刻画。这张图有两个明显的问题需要处理。第一,因为模特过瘦,轮廓显得过于分明,而且身体与手臂的比例不太协调,无法体现女性柔美的外轮廓。第二,需要对模特的S形曲线进行优化,让其形体更加柔美、协调。

调整整体轮廓

对人物形体进行修饰时,一定要遵循从大至小的顺序,也就是先从整个的身高比例开始调整,再到四肢、脸以及五官。如果不遵循这个顺序,就难以把握人体的比例关系。在本案例中,首先对模特的S形曲线进行调整。按快捷键Ctrl+Shift+X进入"液化"界面,使用向前变形工具,将画笔大小调得相对大一些,把模特的腰调整得细一些,同时把模特的臀部稍微往外拖曳。

处理完模特的身形后就可以去处理模特的四肢,在本案例中主要是手臂的区域。可以简单地将上臂外侧记忆为M形,最上面是一条弧线,然后微微凹陷,再接着是一条弧度更小的弧线。这是上臂大致的肌肉形状,根据这个形状进行调整即可。小臂只有一条弧线,到手腕前有一个微微的凹陷。小臂的弧度通常比上臂小一些,这样人看起来会比较瘦一些。手臂内侧的外轮廓基本上就是一条平滑的弧线。

　　处理四肢时一定要注意：人身上是没有直线的，所以对人的外轮廓进行调整时，一定要留下一点微弱的弧度。整体轮廓处理后的图片效果如图7-43所示。

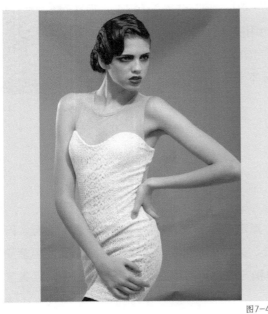

图7-42　　　　　　　　　　　　　　　　　　　　　　　　　　　　图7-43

调整脸型

　　图中模特的脸过于消瘦。会削弱女性的柔美感，所以这一步需要把模特下颌角的弧度处理得更加柔和。在调整时还需要注意下巴的形状，把下巴拐角处稍微向外调整。几乎所有人的下巴都不是绝对对称的，在生活中不会觉得有什么问题，但是一旦记录为静态图像后，下巴的倾斜就会显得非常明显，因此修图时一定要注意下巴的对称问题，让其看起来尽可能对称。脸型调整后的图片效果如图7-44所示。

图7-44

调整细节

　　在调整大轮廓时，需要随时把画笔缩小以便处理细节。

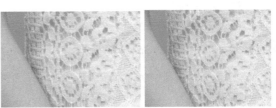

图7-45

　　要注意衣服上的细小褶皱。如果衣服上有明显的凸起，会有赘肉感，因此需要把明显的凸起抹平，身形才会更加优雅。衣服上的花纹也容易暴露身材的缺陷，如果人物的腹部有凸起，那么衣服的花纹也会被撑大，这种情况可以使用褶皱工具将花纹的形状稍微缩小一些，如图7-45所示。这样肚子看来就会小很多。

调整完手臂后，可以顺便调整一下手指。人的胖瘦程度会影响手指的粗细，如果只调整手臂而不对手指进行同步的调整，上肢看起来就会非常不协调。

在处理脸型时，一定要处理发型，让头发的形状和脸型看起来协调一些。

调整细节后，图片效果如图7-46所示。

至此，人物形体修饰案例的关键步骤就讲解完了。扫描图7-47所示二维码，即可观看教学视频，学习本案例详细操作步骤。

图7-46   图7-47

案例2 人物面部修饰

本案例将讲解人物面部修饰的方法。

因为人的美丑主要还是取决于人的面部状态，所以除了要学会处理人物形体，还要学会处理和修饰人物的面部。本案例将对外国模特的脸部特写（图7-48）进行修饰。

调整脸型和五官

对人物的脸型和五官进行调整主要使用的是液化中的向前变形工具。

这一步是对人物面部的对称性的调整和对一些细节的优化，如模特的头发形状完整程度的调整，脸颊两边颧骨、下颌角、下巴的调整等。因为模特是女性，所以处理面部外轮廓时可以弱化明显的棱角，使其线条相对柔和一些。

处理完脸型后，再对五官进行调整，主要需要把五官向标准型调整，以及处理对称问题。如模特的眼睛特别大会显得内眼角的形状不够完整，模特的外眼角比内眼角要低，人会显得没有精神，这些问题都可以进行微调。

使用液化处理细节时，可以适当地将图片放大，这样可以更好地观察局部细节变化，同时也要随时把图片缩小，看一下整体的状态，不要破坏三庭五眼的比例。调整脸型和五官后，图片效果如图7-49所示。

图7-48

图7-49

修复瑕疵

调整完脸型和五官后，再使用污点修复画笔等工具，对模特脸上的瑕疵进行修复，包括痘痘、斑点、眼袋、眼白上的红血丝等。

调整皮肤的明暗

人物脸上或身体看起来凹凸不平是因为明暗分布不够均匀，这一步将对模特皮肤的明暗进行调整。

这里用到一个常用的人物皮肤修饰方法——新建图层，然后给图层填充明度为50%、饱和度为0的灰色，再将图层混合模式改为柔光。这时图片是没有任何变化的。接下来可以使用画笔工具在画面中进行涂抹，白色画笔涂抹的区域会变亮，黑色画笔涂抹的区域会变暗。为了让调整效果更自然，画笔工具的流量数值可以设置为1%~5%。面部偏亮的区域涂抹黑色，面部偏暗的区域涂抹白色，通过这样的方式可以让人物面部的明暗分布更加均匀，效果如图7-50所示。

> **提示** 使用画笔工具时，按快捷键X可以快速切换前景色和背景色。

调整皮肤的细节

进一步处理皮肤细节，让人物面部看起来更加干净。这里使用的是图章工具。新建图层，然后选择图章工具，将图章工具的不透明度调整为10%~15%，样本选择"当前和下方图层"，接着在人物的面部进行取样和涂抹。这样可以得到类似磨皮的效果，如图7-51所示。

图7-50   图7-51

调整细节

调整好皮肤的整体质感后，就可以对细节进行调整了，如使用图章工具等修复唇部的瑕疵，使用曲线调整图层和蒙版加强眼部高光等。调整细节后，图片效果如图7-52所示。

整体调色

最后还需要对图片的整体色调进行调整。使用曲线调整图层增强整体的对比度，以及提亮高光区；使用可选颜色调整图层选择皮肤区域的黄色和红色，降低黄色参数，提高青色参数，让皮肤更接近欧洲人的冷色调，更显白皙。调色后的图片效果如图7-53所示。

至此，人物面部修饰案例的关键步骤就讲解完了。扫描图7-53所示二维码，即可观看教学视频，学习本案例详细操作步骤。

图7-52

图7-53

案例3 产品修饰

本案例将讲解修饰产品的方法。

产品修饰通常是指对拍摄的产品图片进行后期处理，让产品看起来更干净、更有质感，从而在观感上提升产品的品质，提高消费者的购买欲望。对产品的修饰大致分为两类，一类是对瑕疵的处理，这包括了产品本身的瑕疵和拍摄环境的穿帮等，另一类是对产品质感的提升。

分析原图

图7-54是一张眼镜广告图。因为想要在一个画面中呈现更多的眼镜，所以拍摄时使用铁丝对多个眼镜进行串联，其中穿帮的铁丝需要后期处理。此外，由于拍摄角度的问题，眼镜镜片的反光并不明显，无法突出玻璃的质感，因此后期需要对它的质感进行加强。

修复拍摄穿帮

修饰拍摄穿帮主要用到的工具还是前面讲到的修复工具。处理产品时，有一个要特别注意的技巧，就是在进行较精细的修饰时，需要制作相对精细的选区，这就必须使用钢笔工具进行抠图。

制作好选区以后，接下来需要运用图章工具进行修补。

使用图章工具时，需要在修复的区域周围取样，尽量让修复的颜色没有明显偏差，同时要记得随时改变取样点，让颜色更加均匀。穿帮修复后，图片效果如图7-55所示。

提升产品质感

产品质感的加强通常通过高光去表现。首先还是需要把产品能够产生质感的区域选择出来。这里使用钢笔工具抠选镜片，创建选区。接着新建图层，使用渐变工具制作镜片的反光效果。以黑色镜片的眼镜为例，先制作镜片上半部分从黑色到透明的渐变，再制作相反方向的从白色到透明的渐变。将反光效果的图层创建图层组，再更改其不透明度，让效果变得自然。提升产品质感后，图片效果如图7-56所示。

图7-54

图7-55

图7-56

图7-57

整体调色

修复产品瑕疵和提升质感后，一般还需要对图片整体调色。如果产品是由金属和镜面等材质构成的，通常情况下可以让图片整体稍微偏冷一些，这样金属材质和镜面感会更加明显。在本案例中使用色彩平衡调整图层来给图片添加冷色，调整的幅度根据图片情况自行控制。一定要注意，不要把数值调得太大，否则产品本身的颜色就会发生明显的变化，影响产品本身的色彩呈现。整体调色后，图片效果如图7-57所示。

至此，产品修饰案例的关键步骤就讲解完了。扫描图7-58所示二维码，即可观看教学视频，学习本案例详细操作步骤。

同时，修图的典型案例已讲解完毕。扫描图7-59所示二维码，可观看教学视频，回顾本节学习内容。

图7-58

图7-59

作业：人物修图

使用提供的素材完成人物的修饰。

提供的素材

核心知识点 人物形体的修饰

尺寸 自定

颜色模式 RGB色彩模式

分辨率 72ppi

作业要求

（1）对提供的人物素材进行修图处理（只允许使用提供
的素材）。

（2）作业需要提交JPG格式文件。

（3）人物形体修饰需要符合人的形体美学，人物的皮
肤瑕疵需要进行调整。

完成范例

通道——色彩和选区信息的视觉呈现

通道是Photoshop中的高级功能，如果能够熟练使用通道，便称得上是Photoshop的专业级选手。随着Photoshop的升级改版，图像处理工作已很少直接使用通道操作了，但实际上很多操作都运用了通道的相关知识。用曲线、色阶进行色彩调整，调整的就是图片的原色通道；执行存储选区命令后，选区会以Alpha通道的形式存在。

本课将讲解通道的基本概念、工作原理，以及通道的典型案例，帮助读者掌握通道这个Photoshop中的高级功能。

第1节 认识通道

　　通道用来呈现图像的色彩信息和选区信息，"通道"面板位于"图层"面板旁边，读者可以在需要时找到并使用这些通道信息。打开一张图片，"通道"面板会显示默认的通道构成。此外，执行"图像-模式"命令更改图片的颜色模式，其通道也会发生相应的变化，如图8-1所示。以RGB模式为例，"通道"面板中有一个名为RGB的彩色通道和分别名为红、绿、蓝的3个黑白通道。

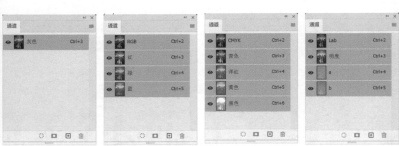

图8-1

　　通道有3种类型——颜色通道、Alpha通道和专色通道。颜色通道用来存储图片的颜色信息。以RGB图片为例，所有的颜色信息都被分类存储在红、绿、蓝3个通道中，这3个通道也被称为单色通道。在"通道"面板最上方还有一个RGB通道，这是复合通道，复合通道显示的是红、绿、蓝通道组合在一起的效果，即图片的真实效果，如图8-2所示。单击"通道"面板下方的 ⊞ 按钮可以新建一个Alpha通道，如图8-3所示，它可以保存选区。单击"通道"面板右上角的 ≡ 按钮，可在菜单中选择"新建专色通道"选项，创建专色通道。专色通道用于制作印刷的专色版，如烫金、局部UV等，由于涉及专业的印刷知识，本课程不就此深入讲解。

　　扫描图8-4所示二维码，可观看教学视频，复习本节课相关内容。

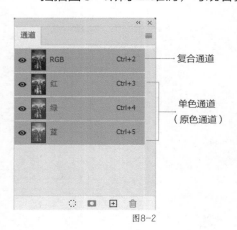

图8-2

图8-3

图8-4

第2节 通道的基本操作

在通道中进行操作，有一些特殊之处需要初次接触通道的读者注意。如新建通道只能新建Alpha通道，复制一个单色通道得到的是一个Alpha通道，操作单色通道时无法操作图层，通道中只有黑、白、灰3种颜色。下面以RGB图片为例，对通道的常用操作及操作时的注意事项进行讲解。

单击"通道"面板底部的 回 按钮即可创建一个名为Alpha 1的黑色通道，黑色通道表示通道中没有任何信息。新建的通道属于Alpha通道，用于创建和编辑选区信息。单击Alpha 1通道，图片将变成黑色（Alpha 1通道的样子），颜色通道会自动隐藏，如图8-5所示。在Alpha 1通道中用白色画笔涂抹，如图8-6所示。将Alpha 1通道转换为选区时，白色画笔涂抹的区域会呈现为选中状态，如图8-7所示。

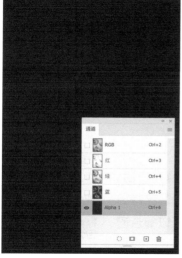  

图8-5　　　　　　　　　　图8-6　　　　　　　　　　图8-7

将一个单色通道或Alpha通道拖曳至 回 按钮上即可复制出一个通道，复制的通道均为Alpha通道，只包含选区信息，不包含颜色信息。图片的颜色信息仅存储于单色通道中。

将某个通道拖曳至 🗑 按钮上即可删除一个通道。删除一个Alpha通道不会对图片的像素造成任何影响，删除一个单色通道会使图片的颜色发生变化，如删掉一个红通道，图片会因为缺少了红色而变得不正常。

单击某个通道可将其激活，图片会呈现出该通道的样子。如果要回到"图层"面板进行编辑，应先单击复合通道，将复合通道激活，否则会发现图层无法编辑。

单击通道前的 👁 图标可以控制通道的显示和隐藏。

绘制完选区后，在通道面板底部单击 回 按钮即可将选区存储为通道。

将通道拖曳至通道面板底部的 ⭕ 按钮上即可将通道转换为选区。

扫描图8-8所示二维码，可观看教学视频，复习本节课相关内容。

图8-8

161

第3节 通道的原理

选区、通道和蒙版原理相通，在实际应用中也经常会互相转换。本节课将通过多个案例讲解通道与色彩、选区、蒙版之间的关系。至此，Photoshop的几个核心功能之间的关系就彻底呈现在了读者面前，需要读者细心体会。

知识点 1　通道与颜色的关系

通道的三原色混合实验

在RGB模式下，所有的颜色都是由数值0至255的红、绿、蓝组合而成。其中0表示没有颜色信息，255表示颜色信息为最大值，如255的红色就是最鲜艳的红色。图片的红、绿、蓝信息分别存储在红、绿、蓝通道中。在使用调整图层调色时，操作的也是颜色通道中的颜色信息。进行颜色混合实验前，要记住以下颜色混合公式。

红+绿=黄（255，255，0）

红+蓝=洋红（255，0，255）

绿+蓝=青（0，255，255）

绿+蓝+红=白（255，255，255）

绿+蓝+红=灰（128，128，128）

绿+蓝+红=黑（0，0，0）

用椭圆选区工具绘制圆形选区，分别在红、绿、蓝通道上填充白色。然后在复合通道中可以看到红、绿、蓝3个圆形，如图8-9所示。这是因为在红色通道中填充白色，表示红色的数值为255（最大值），所以复合通道中显示为最鲜艳的红色。用移动工具移动3个圆形，使它们交叉，交叉区域会形成黄、洋红、青、白4种颜色，如图8-10所示。扫描图8-11所示二维码，可查看通道的三原色混合实验的教学视频。

图8-11

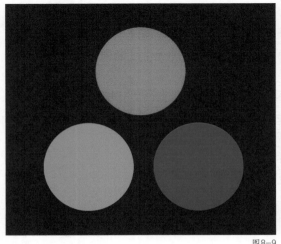

图8-9

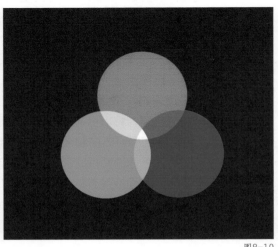

图8-10

RGB颜色通道中黑、白、灰的含义

通道用黑、白、灰来表示不同的颜色强度。黑色表示颜色最少，白色表示颜色最多，灰色介于两者之间。以RGB图片的红通道为例，图片中红色比较多的地方在红通道中显示为比较亮的颜色（白），图片中红色比较少的地方在红通道中显示为比较暗的颜色（黑），如图8-12所示。为什么白色在红通道中也显示为亮色？因为三色叠加在一起为白色（255，255，255），数值最大，白色在红、绿、蓝通道中显示的都是白色。

图8-12

CMYK颜色通道中黑、白、灰的含义

CMYK的颜色通道与RGB相反，黑色表示颜色多，白色表示颜色少。以CMYK图片的青通道为例，图片中的蓝天由大量的青色构成，蓝天的地方在青通道中显示为比较暗的颜色（黑），白云的地方在青通道中显示为比较亮的颜色（白），如图8-13所示。扫描图8-14所示二维码，可观看教学视频，深入理解RGB和CMYK颜色通道中黑、白、灰的含义。

图8-14

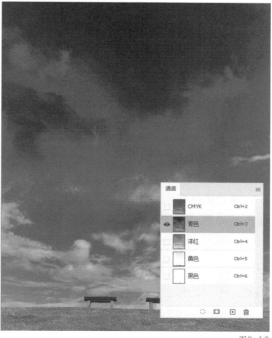

图8-13

知识点 2　通道与选区的关系

在 RGB 图片的通道中，黑色对应选区的不选，灰色对应选区的部分选择，白色对应选区的全选。将红通道拖曳至 ⊙ 按钮上，可以看到，图片中红色的车身为选中状态，轮胎因为没有红色所以呈现为不选状态，如图8-15所示。

图8-15

在 CMYK 图片的通道中，黑色对应选区的不选，灰色对应选区的部分选择，白色对应选区的全选。将青通道拖曳至 ⊙ 按钮上，可以看到，图片中青色墙面没有被选中，被选中的是地面和植物，如图8-16所示。原因是地面中青色少，在通道中呈现为白色。若想选中墙面，在当前选区状态下，执行"选择–反选"命令即可。

图8-16

对于选区来说，无论是通道还是蒙版，白色对应全选，黑色对应不选，灰色对应部分选择，这个规律是不变的。

对于通道来说，因为 RGB 和 CMYK 颜色通道中表示颜色信息多少的方法相反，RGB 通道中白色表示信息多，CMYK 通道中黑色表示信息多。因此，不同的颜色通道所生成的选区不同。

扫描图8-17所示二维码，可观看教学视频，更深入地理解通道和选区的关系。

图8-17

知识点 3 通道与图层蒙版的关系

通道用黑、白、灰表示颜色信息的多少，蒙版用黑、白、灰隐藏和显示。在"图层"面板中建立一个图层蒙版时，通道中会自动生成一个对应的Alpha通道，如图8-18所示。

图8-18

因此，图层蒙版可以被认为是通道的一种。

此外，切换为快速蒙版模式时，"通道"面板中也会出现一个临时的Alpha通道，退出快速蒙版模式时，"通道"面板中的临时Alpha通道会消失。由此可见，快速蒙版也可以理解为一种通道。扫描图8-19所示二维码，可观看教学视频，更深入地理解通道和图层蒙版的关系。

图8-19

至此，通道的原理已讲解完毕。扫描图8-20所示二维码，可观看教学视频，回顾本节学习内容。

图8-20

第4节　通道的应用

通道可以用来存储选区、进行高级抠图，此外使用色阶、曲线等调整图层进行调色时，其操作的就是颜色通道。下面通过一个典型案例讲解通道的实际应用。

气泡、火焰、水等素材很难通过常规的抠图方法抠选，这时候就需要借助通道进行抠图，具体方法如下。

复制红通道并用色阶增强对比

复制一份红色通道，然后将复制出来的Alpha通道用色阶命令增强对比。增强对比是为了让通道中的黑白关系更分明，使通道转为选区时，选区更干净，如图8-21所示。

图8-21

载入选区并添加图层蒙版

将红色通道副本转换为选区并基于选区添加图层蒙版，水母就被抠选出来了，如图8-22所示。对于边缘复杂且主体与背景之间存在半透明混合关系的图片来说，这种抠图方法非常有效。

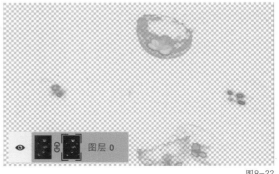

图8-22

合成并调整细节

　　将抠好的水母素材置入小狗素材中，可以看到水母被很好地抠选出来了。将水母素材复制一份，用两个水母素材图层填满整个画面，营造出梦幻的气氛，再用曲线调整图层简单调整一下整体色调，最终效果如图8-23所示。

　　至此，通道的应用案例就讲解完了。扫描图8-24所示二维码，可观看本节教学视频。

图8-23

图8-24

作业：失衡的世界

完成范例　　　　　　　　　　　　　　　　　提供的素材

核心知识点 通道的应用

尺寸 2256像素×2197像素

颜色模式 RGB颜色模式

分辨率 72ppi

作业要求

（1）使用通道抠选烟雾，结合蒙版拼合图像，图像的拼合效果参考范例。

（2）作业只允许使用提供的素材完成。

（3）提交JPG格式文件。

第 **9** 课

合成——创造想象中的画面

绝大多数平面创意都是使用Photoshop通过合成
图片来实现的。合成不是一个单一的功能，而是对
Photoshop多种功能和命令的综合应用，如抠图、修
图、调色等。除了要用好Photoshop，一个好的创意
合成离不开前期的创意策划、道具准备、拍摄等工作
的配合。

本课是合成的入门课程，通过案例解析、关键技能训
练和综合案例演练使读者能够真正感受到创意合成的
魅力。

第1节 图像合成基础

本节课主要讲解合成的应用领域、合成的核心技能和学习合成的方法。

知识点 1 合成的应用领域

图像合成广泛应用于视觉创意的多个细分领域，很多创意广告通过合成来实现令人难忘的视觉画面，从而使产品给人留下深刻的印象，如图9-1所示。

图9-1

在摄影作品中融入一些有趣的元素、细节，同样可以让人眼前一亮，甚至创作出一些以假乱真的画面，如图9-2和图9-3所示。

图9-2

图9-3

精美的电影海报离不开Photoshop的绘画、调色、合成，几乎所有的电影海报都是合成作品，如图9-4所示。

图9-4

知识点 2 图像合成的基本功

从 Photoshop 的技术角度来分析，合成主要包含以下关键点——熟练使用常用工具、修图、抠图、元素变形、图层混合模式、调色和使用快捷键，下面以图9-5所示合成案例为例对这些关键点进行分析，帮助读者在后续的学习中抓住重点。

图9-5

第1个素材经过调色作为画面的主场景，第2个素材中的天空用蒙版融入主场景，第3个素材中的书，用钢笔抠出来放置于人物旁边，第4个素材中的鸟被抠出放置于主场景，第5个素材中的人物和动物被抠出放置于主场景，第6个素材中的小船被抠出放置于主场景的湖面上。在完成这幅作品的过程中，还综合运用了工具箱中的多个工具，以及自由变换、图层混合模式等 Photoshop 的核心功能。可以说合成工作是对使用者 Photoshop 综合运用能力的检验，需要使用者对多个工具的配合有深入的理解。

知识点 3 学习合成的方法

看优秀作品

想要掌握合成的核心技能，首先要大量观看和收集优秀的合成作品，推荐去站酷网、花瓣网寻找灵感，如图9-6所示。读者也可以在这些设计网站上建立自己的灵感库，以关键词进行分类，收集优秀的作品。

图9-6

收集优质素材

做合成需要收集大量的素材图片，找到优质的图片是合成的必修课。类似pixabay、Unsplash这样的网站有大量优质的免费图片素材，可以下载到本地练习，如图9-7所示。若想在商业设计中使用这些素材，一定要注意素材的授权范围，避免侵权。

可在任何地方使用的免费图片和视频

在所有的图像和视频Pixabay释放自由版权下创作共用CC0。你可以下载、修改、分发，并使用它们在任何你喜欢的任何东西，即使在商业应用程序中使用它们。不需要归属权。了解更多信息 …

照片　插画　矢量图　视频

 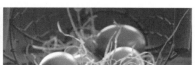

图9-7

分析优秀作品的要点并尝试临摹

　　收集了大量的优秀作品，并能够找到合适的素材后，接下来应该对优秀的作品进行拆解、分析。以图9-8和图9-9所示作品为例，看作品时可以思考这些问题：它用到了哪些素材？它处理光影、构图、色彩的手法，我是否能做到？当发现自己在技术上有欠缺时，应及时学习，补足技术短板。

　　临摹对象、可替代的素材、需掌握的技术都准备完毕后，就可以尝试临摹一个优秀的作品了。在临摹的过程中可以提升Photoshop技术，并尝试理解被临摹作品的技术以外的优秀之处。

图9-8

图9-9

　　当具备了临摹一个或多个优秀作品的能力后，Photoshop技术问题就不再是障碍。在临摹的过程中，寻找合适素材的能力也会大大提升。此时就可以尝试将自己想象中的美妙画面以视觉的方式呈现出来。扫描图9-10所示二维码，可观看教学视频，复习本节课相关内容。

图9-10

第2节 合成的核心知识

本节课主要讲解创作合成作品最基础的3个理论知识——构图、空间和透视、色彩。这些基础知识也是绘画、摄影的必备知识，本节课的讲解不会深入展开，旨在让读者初步了解，以便于在后续的合成案例学习中有所参考。

知识点 1 构图

近景构图可以突出主体，减少环境干扰，更好地表现主体的细节，使画面具有感染力，如图9-11所示。中景构图既能表现出一定的主体细节，又能拥有环境因素，烘托画面气氛，如图9-12所示。远景构图容纳了更多的环境因素，适合表现大场景，如图9-13所示。

图9-11   图9-12   图9-13

此外，对称构图、三角形构图、三分构图、中心构图等构图方式，在合成作品中应用也非常广泛，如图9-14所示。

图9-14

175

知识点 2 空间和透视

在创作合成作品时，一定要注意空间和透视关系。将一个主体放置到一个空间后，需要对主体和空间的关系进行调整，主要可以概括为远近、虚实、明暗3个要点。做好这3个要点，可以让合成看起来更加真实。

远近，即近大远小，离得近的物体看起来更大，离得远的物体看起来更小。物体放置在一个空间中，如果把它放在远处，需要把它适当地调整得小一些。

虚实，即近实远虚，离得近的物体通常看起来更清晰，离得远的物体通常看起来更模糊。将物体放置在一个空间中远处的位置时，通常需要把它调整得模糊一些；将物体放在一个空间的近处时，通常需要让它保持清晰。在创作合成作品时，通常会使用近实远虚的方法，让画面的主体物更加突出，让背景弱化。

明暗，一般指的是，物体距离近，饱和度和明度高；物体距离远，饱和度和明度低。物体放置在一个空间中远处的位置，通常需要把它的饱和度和明度调整得低一些；物体放置在一个空间中近处的位置，通常需要把它的饱和度和明度调整得高一些。与此同时还要考虑到物体与环境整体的饱和度、明度保持一致。

接下来会使用Photoshop的3D功能完成一个小案例，帮助读者理解物体的空间关系，如图9-15所示。扫描图9-15中二维码，可观看对应的视频教学。案例中初次用到了Photoshop的3D功能，需要读者跟着视频进行对应的练习。3D功能让Photoshop突破平面图片的限制，帮助使用者创作出更具视觉冲击力的效果。

图9-15

通过以上案例了解了立方体的制作方法、视平线、消失点在空间合成中的作用后，读者可以尝试通过另外一组素材练习3D知识和空间知识，如图9-16所示。在制作案例时，注意观察立方体因视角不同带来的变化。

图9-16

　　为主体选择背景时一定要选择透视关系一致的场景，否则合成后画面看起来就会没有真实感，如图9-17所示。正确透视的场景如图9-18所示。扫描图9-18中的二维码可以查看透视案例的视频教学，深入理解透视关系。

图9-17

图9-18

知识点 3 色调

由于素材来源不同，用于合成的多个素材的色调往往是不统一的，只有将多种素材的色调进行统一，画面看起来才会真实。此外，当画面中有发光物体时，其必然会影响周围的其他物体，需要对其他物体进行对应的色调处理。下面通过图9-19所示的案例对合成中的色调知识进行讲解和练习。

修图和抠图

将手素材中的灯泡用套索工具选取出来，并用内容识别填充命令将其去除。然后，将月亮素材从黑色背景中抠选出来，使用移动工具将其移动复制到手素材的灯泡位置，如图9-20所示。

图9-19

图9-20

背景图调色

月亮是发光体，也是本案例的视觉主体。因此，为了突出主体，需要加强主体和背景的明暗对比，将背景压暗。

使用曲线调整图层将背景整体压暗，然后为背景添加一个暗角。暗角可以实现中间亮、周围暗的效果，进一步突出月亮。在制作暗角效果时，可借助图层的不透明度控制暗角的程度。

整体压暗背景并为背景增加暗角的效果如图9-21所示。在使用调色的相关功能时，建议使用调整图层，以便在效果不满意时进行反复修改。

图9-21

提高月亮的亮度

在月亮图层的上方新建曲线调整图层，并将其设置为剪贴蒙版，使得调亮的操作只作用于月亮图层，而不会影响背景图层。然后，新建一个亮度/对比度调整图层，将亮度和对比度提高，注意依然需要将其设置为剪贴蒙版，让其只作用于月亮。

至此，月亮本身的亮度就提高了。接下来为月亮图层添加外发光的图层样式。外发光的颜色可以从月亮上亮度较高的区域吸取。

最后，在月亮图层的下方新建图层并制作一个模糊的纯色填充的圆形，进一步完善月亮发光的细节。通过这3个层次的提亮及发光处理，月亮看起来更自然，如图9-22所示。

制作月光照在掌心的效果

由于本合成画面是用手托着月亮的效果，因此月光必然会照亮掌心。实现月光照亮掌心效果的方法是，用曲线调整图层提亮掌心，将调整图层的蒙版填充为黑色，再用白色画笔将受光区域绘制出来，效果如图9-23所示。

渲染氛围

用喷溅画笔绘制一些光斑，再用橡皮擦工具擦除一些不自然的光斑，最终效果如图9-24所示。

图9-22

图9-23

图9-24

扫描图9-25所示二维码，可查看调色案例的视频教学。至此，本节内容讲解完毕。扫描图9-26所示二维码可以回顾本节课程内容。

图9-25

图9-26

第3节 创意合成思路

掌握了合成的技术，还不足以创作出令人惊叹的画面。本节课主要讲解创意合成的几种典型创意思路，包括双重曝光、强烈对比、元素嫁接和创造空间。创意合成的思路还有很多，读者可在学完本节课程的内容后继续挖掘。

知识点 1 双重曝光

双重曝光指的是在同一张底片上进行两次曝光，是摄影中的一种技巧，可以在一个画面中呈现两个图像的叠加效果，视觉冲击力强。在Photoshop中使用图层混合模式、调色、蒙版等功能也可以实现这样的效果，如图9-27所示。

图9-27

知识点 2 强烈对比

对比可以制造出强烈的画面冲突，实现对比的方法也有很多，如大小对比、明暗对比、冷暖对比等，如图9-28所示。

图9-28

知识点 3 元素嫁接

元素嫁接就是保留物体的外形，并将其替换成别的材质。以图9-29为例，酒杯的外形保留，但材质换成了萝卜；衣服的外形保留，但材质换成了牛奶。

图9-29

知识点 4 创造空间

在电商设计中，经常会用合成的方法创造出奇特的空间来吸引消费者的注意，如图9-30所示。扫描图9-30所示二维码，可观看本节的视频，回顾本节课程内容。

图9-30

第4节 小场景合成案例

本节课将完成一个完整的合成案例，从挑选合适的素材、抠图、修图、调色，一直到制作背景、输入文字，需要投入较长的时间并不断打磨细节。

挑选合适的场景

本案例的核心思路是把世界装在一个小箱子中，因此，挑选素材时应基于箱子的特点来选择。画面以俯视视角呈现箱子，选择场景时，应选择视角一致的素材，如图9-31所示。

图9-31

用图层蒙版融合场景

将场景素材置入画面中，调整其大小和位置，分别为两张场景素材添加图层蒙版，将它们塞入箱子，并用画笔将它们融合为同一场景，如图9-32所示。在调整过程中，需要反复更改画笔的大小、不透明度、画笔的颜色（黑色和白色），在画面衔接处多次涂抹。

将场景延伸至画面外

为增加画面的趣味性和真实感，使用画笔工具涂抹图层蒙版，将左侧的地面和右侧的云延伸出箱子，如图9-33所示。

图9-32

图9-33

将场景色调调整统一

　　场景融合后，衔接处的细节没问题了，但是上下两张图的色调不一致，导致画面穿帮，需要将其统一。使用色彩平衡调整图层调整地面素材的色调，使其与天空素材一致，最后整个作品的色调都会朝偏暖的色调进行调整，如图9-34所示。

添加热气球

　　抠选多个热气球并将其添加至场景中，调整热气球的大小、角度和位置，热气球放置完毕后，要放大细节，修补一些穿帮的细节。位于远处的热气球，还应降低一些饱和度。热气球调整完毕的效果如图9-35所示。

图9-34

图9-35

制作大背景

　　接下来为箱子添加背景，主要用到渐变工具。所设置的渐变色标均为不同明度的暖色。渐变色设置好后，不要直接应用在空白图层上，而要建立一个渐变填充调整图层，这样可以反复调整参数，如图9-36所示。

　　调整渐变背景的整体色调，使其与画面主体的色调保持一致。为渐变背景增加一些侧光和顶光，完善背景的细节，如图9-37所示。

图9-36

图9-37

制作箱子的投影

因为整个画面的假想光源位于左侧，所以箱子的投影应该在画面的右侧。用钢笔工具建立一个形状图层并进行模糊处理，得到一个初步的投影效果，如图9-38所示。这个效果看起来较生硬。

为投影图层建立图层蒙版并用画笔工具进行涂抹，使投影看起更自然。最后降低投影的不透明度，效果如图9-39所示。

图9-38

图9-39

为画面添加文字，最终效果如图9-40所示。扫描图9-40所示二维码，可观看本案例教学视频。

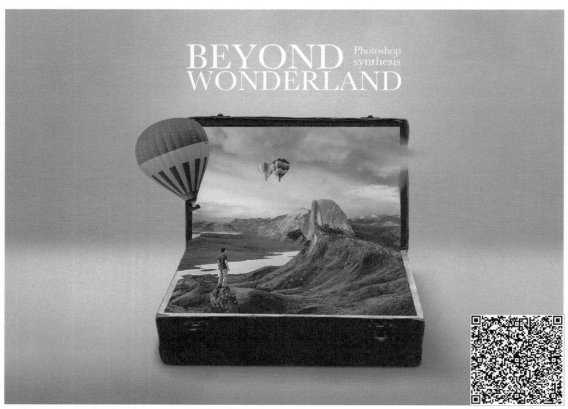

图9-40

第5节 产品合成案例

本课的产品合成案例在技术上相对比较简单，这种合成方法多应用于电商海报，所用到的素材均为实景拍摄。在产品合成中，合成主要用来弥补拍摄不足，以更好地呈现产品。

该项目在前期策划时，原计划是直接通过拍摄完成整个画面，再进行简单的后期处理。但拍摄完成后发现产品过小，因此对产品进行了补拍，并通过Photoshop合成来完成最终的视觉稿。此外，原片通常都会有各种穿帮和细碎的瑕疵，如花盒子的穿帮、绑着产品的吊绳、背景更改构图后的空白区域等。

调整背景构图并调色

素材是一个横构图并且颜色偏冷的画面。因为暖色的食品更容易激发受众的食欲，需要将画面调整为竖构图并将色彩调暖，所以更改构图后的空白区域可以用填充命令和修补工具快速完善，如图9-41所示。

图9-41

修补花盒子瑕疵

花盒子上的瑕疵可以用图章工具进行修补，如图9-42所示。虽然是很小的细节，且花盒子也不是画面的主体，但是依然需要对其进行细致的处理。这些瑕疵都是拍摄中难以避免的问题，所以读者在拿到原片后，一定要仔细检查并修补。在修图一课中讲解的多种修图工具，不仅可以用于处理人像，还可以用来处理场景和商品。

图9-42

主图产品修饰

　　使用钢笔工具将产品抠选出来，将产品上穿帮的吊绳用图章工具去除，然后将产品置入做好的场景中，调整产品的角度和大小，使其与花盒子更贴合，如图9-43所示。

　　如果有大量需要做市场活动的产品设计项目，其合成的复杂程度通常不会太高，通过简单有效的处理，即可让产品有良好的视觉呈现。

图9-43

调整前后关系

在图9-43中，产品在花盒子的前方，看起来很假，因此需要将花盒子和产品交叉的区域用钢笔工具抠选出来，将花盒子图层在该选区内的图像复制的新图层并移动至产品的上层，本案例的最终效果如图9-44所示。扫描图9-44所示二维码，可以查看本案例的详细教学视频。

图9-44

作业：失衡的世界

参考范例

从现实生活中发现有趣的景象，并尝试进行合成创作。

通过与现实世界不一样的大小对比，创作具有视觉冲击力的画面。

核心知识点 自由变换、构图、调色等

尺寸 不限

颜色模式 RGB色彩模式

分辨率 72ppi

作业要求

（1）自行搜集素材，提升搜集素材的能力。

（2）熟练掌握自由变换、构图、调色等功能的使用。

（3）作业需要符合尺寸等要求，提交JPG格式文件。

图形工具组与图层样式
——图形、图标的创作

图形工具结合布尔运算可以绘制出各种形状的图形，通过图层样式的综合运用，为这些扁平化图形添加写实光影效果，可以打造出有质感、有细节的写实图标。

本课的主要内容包括图形工具组的用法、图层样式的基础认识、样式和混合选项的作用，以及图层样式的综合运用。本课以案例为主，通过多个案例的反复练习，读者可以熟练掌握图形中布尔运算的使用方法，以及了解图层样式各选项的作用。

　　Photoshop拥有强大的创作图形、图标的功能，使用它不仅能绘制扁平化图标、轻质感图标，还可以绘制立体感较强的写实图标，如图10-1所示。通过Photoshop强大的图层样式来处理写实图标的细节，会使图标细节表现得更细腻、更自然。

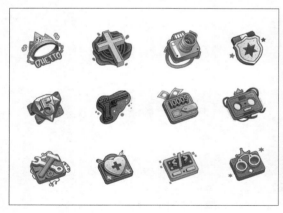

图10-1

第1节　图形工具组

使用图形工具组的工具可以直接绘制简单的图形，通过布尔运算将简单的图形进行组合，可以绘制出各种复杂的图形或图标。

知识点 1　图形工具组是什么

图形工具组位于工具箱中，包括矩形工具、圆角矩形工具、椭圆工具、多边形工具、直线工具和自定形状工具，如图10-2所示。这些工具可绘制的图形如图10-3所示。选择不同的图形工具，并按住Shift键进行绘制，可以得到正方形、圆角正方形、圆形、正多边形和直线等，如图10-4所示。

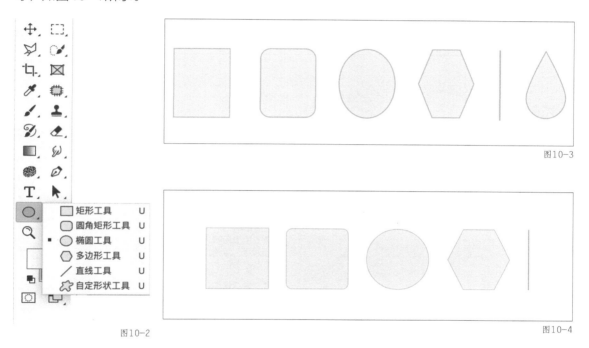

图10-2

图10-3

图10-4

在选择自定形状工具时，可以在属性栏上的"形状"旁，单击向下按钮，在弹出的下拉列表中选择更多不同的图形，如图10-5所示。

图10-5

知识点 2　图形工具组的用法

在Photoshop中需要通过布尔运算来组合图形。布尔运算是指两种或两种以上的图形进行并集、差集和交集的运算。Photoshop有4种运算方式，分别是合并形状、减去顶层形状、与形状区域相交和排除重叠形状，如图10-6所示。

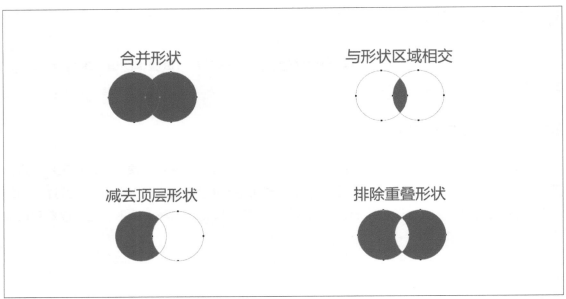

图10-6

布尔运算的位置

在工具箱中选中图形工具、路径选择工具、直接选择工具或钢笔工具都可以在属性栏上找到布尔运算。它位于"路径操作"按钮的下拉列表中，如图10-7所示。

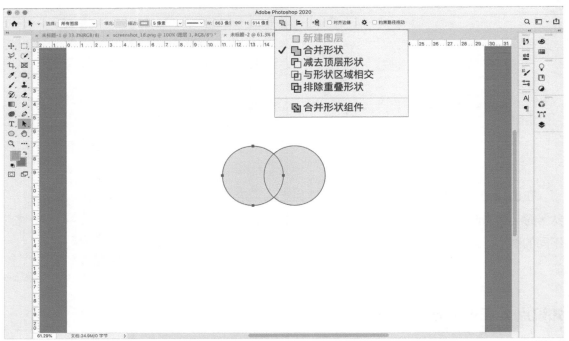

图10-7

布尔运算的使用方法

第一，两个图形需要在同一个图层中。如果图形分别在不同图层上，可以按Shift键选择两个图层，再按快捷键Ctrl+E进行合并图层，如图10-8所示。

第二，用路径选择工具选中需要进行布尔运算的图形。进行布尔运算的两个图形需要有重叠的部分。用路径选择工具选择图形，将它移动到另一个图形上，使它们产生重叠的部分，这样的话就得到了一个新的图形，布尔运算在默认的情况下是合并形状，如图10-9所示。

第三，选择布尔运算方式，得到组合图形。选择最上方的图形，在属性栏上单击"路径操作"按钮，选择布尔运算方式，如图10-10所示。

提示 **选择最上方的图形进行布尔运算**

　　路径选择工具选择的图形一定是位于其他图形的上方，才能进行布尔运算的操作。如果选择下方的图形来进行布尔运算操作，会产生预料以外的效果。

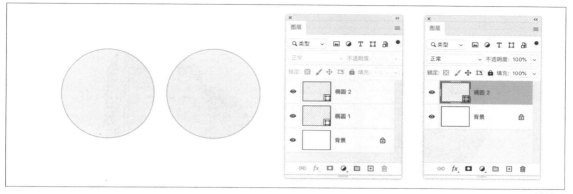

图10-8

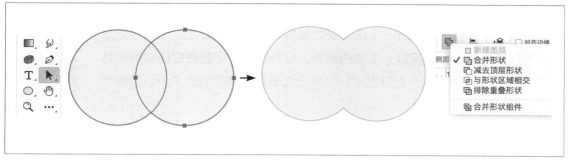

图10-9

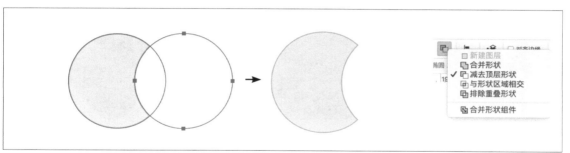

图10-10

图形的基础操作——合并形状

合并形状是指两个图形相加得到新图形，如图10-11所示。

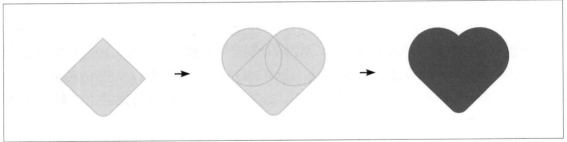

图10-11

第一步，绘制图形并调整位置。分别绘制正方形和圆形，用路径选择工具移动圆形，使圆形的直径与正方形的一条边重叠，且圆形的直径与正方形的边长要相等，按照此方法再复制一个圆形到正方形的另一条边上，如图10-12所示。

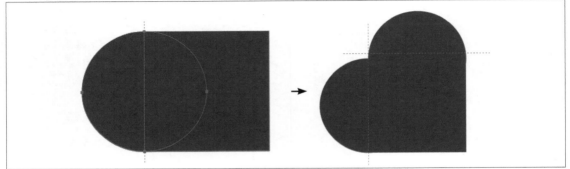

图10-12

第二步，设置正方形的一个直角变为圆角，并将图形转正。用路径选择工具选择正方形，单独设置一个角的参数。合并图层，用自由变换功能旋转图形，如图10-13所示。扫描图10-14所示二维码，可观看合并形状的教学视频。

图10-14

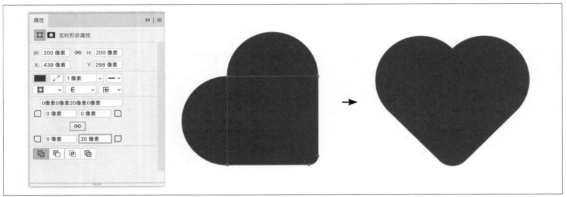

图10-13

提示 调整图形大小

　　如果绘制的圆形直径小于正方形的边长，可以用路径选择工具选中圆形，按快捷键Ctrl+T进行自由变换，直到圆形的直径与正方形的边长相等。完成操作后，需要按快捷键Ctrl+ +放大画布查看细节。如果圆形直径没有与正方形边长贴合，则需要继续调整。因为在绘制图标时，要求图形非常精确，所以要经常放大画布来操作细节。

图形的基础操作——减去顶层形状

　　放大镜图标的圆环用到了"减去顶层形状"的操作，即大圆减去小圆得到圆环，如图10-15所示。

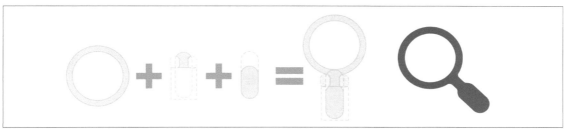

图10-15

　　第一步，制作圆环。绘制大小两个圆形，将小的圆形图层置于大的圆形图层的上方，将两个图层居中对齐，再合并图层。用路径选择工具选择小的圆形，在属性栏中设置布尔运算的属性为"减去顶层形状"，如图10-16所示。

　　第二步，制作手柄。分别绘制一个长圆角矩形和两个小圆角矩形，使它们与圆环居中对齐，两个小圆角矩形的位置要正好与圆环相切。将"路径操作"设置为"减去顶层形状"，如图10-17所示。

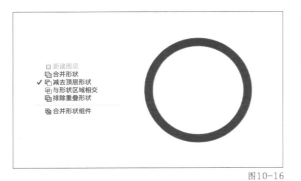

图10-16

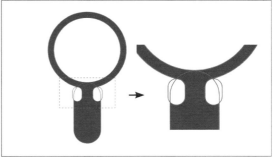

图10-17

　　第三步，完善手柄。在手柄上方绘制一个矩形，将"路径操作"设置为"减去顶层形状"，减掉圆角矩形多余的地方。复制粘贴长圆角矩形，用自由变换功能调整长短完善手柄，最后旋转图形使放大镜倾斜45°，如图10-18所示。扫描图10-19所示二维码，可观看减去顶层形状的详细教学视频。

图10-19

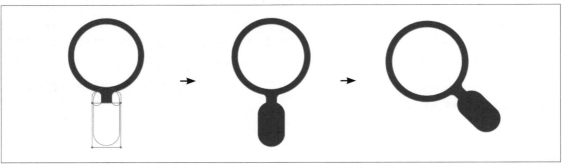

图10-18

提示 **辅助图形绘制的其他工具**

在绘制图标时，除了图形工具，还需要借助其他工具来共同完成图标的绘制。经常用到的是自由变换功能，快捷键是Ctrl+T，主要作用是调整图形。路径选择工具用来选择图形，直接选择工具用来选择图形的锚点或一段路径。用图形工具绘制形状时会自动弹出"属性"面板，如果没有弹出，可以执行"窗口-属性"命令打开。"属性"面板经常用来调整圆角的参数。

提示 **形状、路径和像素的区别**

在默认情况下，用图形工具绘制的图形相当于Photoshop中的矢量图，可以随意放大缩小，图形不会变模糊，所产生的图层为形状图层，如图10-20所示。形状图层右下角会有一个形状图标。

用钢笔工具绘制图形，所产生的是路径，该路径会临时存放在"路径"面板中，如图10-21所示。

用矩形选框工具拖曳一个矩形选区，然后填充颜色，所得到的图形是位图，所产生的图层是普通图层，如图10-22所示。它不能随意调整大小，否则图形会变得不清晰。

用图形工具或钢笔工具绘制图形时，可以在属性栏上选择工具模式，其下拉列表中有"形状""路径"和"像素"3个选项，如图10-23所示。在绘制图标时要选择"形状"选项。

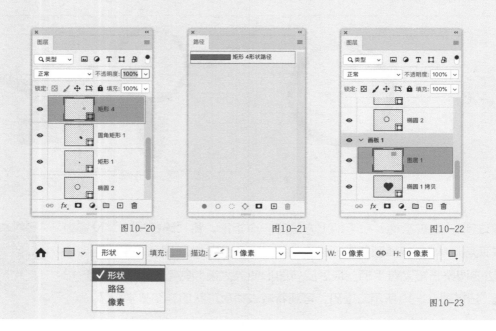

图10-20   图10-21   图10-22

图10-23

图形的基础操作——与形状区域相交

信号图标使用了两个图形相交，只显示形状相交区域的制作方式，如图10-24所示。

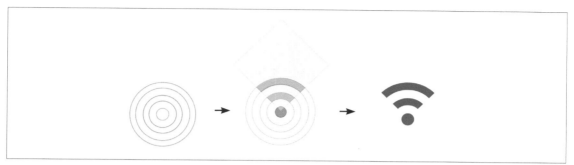

图10-24

第一步，制作圆环和圆心。用制作放大镜图标中圆环的方法制作两个圆环，最后绘制一个小圆。注意，圆形之间要居中对齐。

第二步，完成图标的形状。绘制一个正方形并旋转45°，将其下端一角对齐圆心。将所有图层合并，选中正方形，设置"路径操作"为"与形状区域相交"。扫描图10-25所示二维码，可观看与形状区域相交的详细教学视频。

图10-25

图形的基础操作——排除重叠形状

排除重叠形状是只显示两个图形相交以外的区域，如图10-26所示。

图10-26

第一步，绘制矩形和正方形。绘制一个矩形，在"属性"面板设置矩形下方的两个直角为圆角。绘制一个正方形，设置左下角和右上角为圆角，再将其旋转45°。

第二步，组合图形。将两个图形合并图层，设置正方形的"路径操作"为"排除重叠形状"。扫描图10-27所示二维码，可观看排除重叠形状的详细教学视频。

图10-27

提示 **正着画图形，最后再旋转**

如果图形需要设置圆角，需要在不变形、不旋转的前提下进行设置。如果图形旋转后再设置圆角，那么"属性"面板就不能设置该参数了。

知识点 3 拓展

在绘制图形时，还经常使用两个功能——剪贴蒙版和多重复制。下面通过两个案例来讲解其操作方法。

剪贴蒙版

在使用剪贴蒙版时，必须有至少两个图层。剪贴蒙版的作用是下面的图层显示形状，上面的图层显示内容，如图10-28所示。

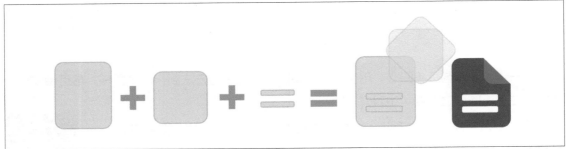

图10-28

第一步，绘制圆角矩形。分别绘制一个圆角矩形和一个细长的圆角矩形，两个图形水平居中对齐，再合并图层。选择细长的圆角矩形，设置"路径操作"为"减去顶层形状"。按Alt键复制一个细长的圆角矩形，形成一个等号，如图10-29所示。

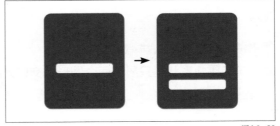

图10-29

第二步，制作折叠形状。绘制一个正方形，将4个直角设置成圆角，然后复制图层，将复制出来的图形旋转45°，把它放在圆角矩形的右上角，并与圆角矩形图层合并。选择倾斜的圆角正方形，设置"路径操作"为"减去顶层形状"，如图10-30所示。

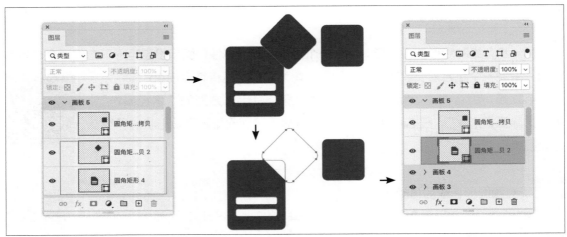

图10-30

第三步，剪贴蒙版。选择圆角正方形图层，单击鼠标右键，在弹出的菜单中选择"创建剪贴蒙版"选项，设置填充颜色为浅灰色。用路径移动工具调整其位置，使正方形的形状刚好与折角的两个点相交，如图10-31所示。扫描图10-32所示二维码，可观看剪贴蒙版的详细教学视频。

图10-32

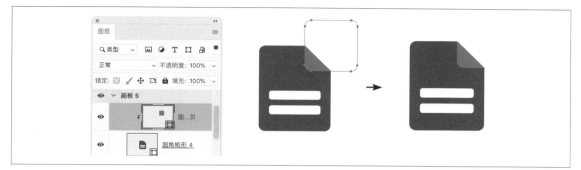

图10-31

多重复制

多重复制功能非常实用，在绘制图标时会经常用到，如图10-33所示。但它的操作有些复杂，要用到很多快捷键，初学者需要反复练习才能熟练掌握。

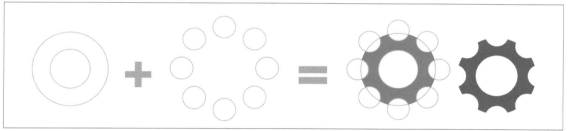

图10-33

第一步，制作圆环。绘制大小两个圆形，将其居中对齐，选择小圆，设置"操作路径"为"减去顶层形状"，如图10-34所示。

第二步，指定圆心。选择小圆，分别在上方标尺和左边标尺拖曳参考线，参考线相交在小圆的圆心上，如图10-35所示。

图10-34

图10-35

199

第三步，多重复制。绘制一个小圆，放在大圆上。将小圆进行自由变换，将旋转中心定义为圆环中心，并进行旋转。退回上一步操作，按快捷键Ctrl+Alt+Shift+T进行多重复制，如图10-36所示。

第四步，布尔运算。合并所有图层，选择8个小圆，设置"路径操作"为"减去顶层形状"，如图10-37所示。扫描图10-38所示二维码，可观看多重复制的详细教学视频。

图10-38

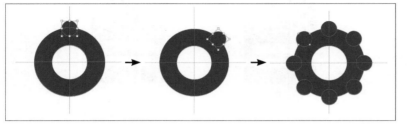

图10-36

图10-37

线性图标

线性图标是以线条为主的图标类型，其与面性图标的区别可以简单理解为面性图标的填色范围比较大。线性图标不需要填色，只需要对线段进行描边，如图10-39所示。根据图标不同的角和线的情况又可将线性图标分为直角线性图标、圆角线性图标和断线线性图标，如图10-40所示。下面将通过3个案例分别讲解这3种类型线性图标的绘制方法。

图10-39

面性图标　　　直角线性图标　　　圆角线性图标　　　断线线性图标

图10-40

● 直角线性图标

第一步，设置描边属性。先对矩形工具的属性进行设置，将"填充"设置为无，"描边"设置为深灰色，"粗细"设置为10像素，描边的"对齐类型"设置为居中，如图10-41所示。

第二步，绘制图形。分别绘制一个偏方的矩形、两个小矩形和一条直线，按照图10-42所示的位置摆放。

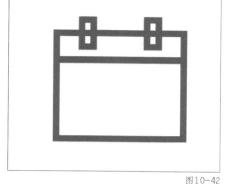

图10-42

图10-41

第三步，输入文字。选择文字工具，输入"1"并设置字体，字体的粗细最好跟描边的粗细差不多，字体颜色与描边相同，将文字转换为形状，如图10-43所示。

第四步，制作折角，处理细节。用钢笔工具按照图10-44所示的位置添加锚点，并删掉多余路径，再用钢笔工具添加路径。扫描图10-45所示二维码，可观看直角线性图标的详细教学视频。

图10-45

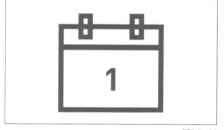

图10-43

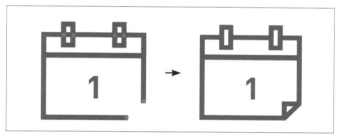

图10-44

提示 **删除路径需要注意的地方**

保证一个形状图层中只有一个图形才能完成案例中的效果。在绘制完图形以后，按Ctrl键，单击画板空白处，退出当前操作，接着绘制下一个形状时，会创建一个新的形状图层。

提示 **线性图标的粗细设置**

线性图标的描边粗细对设计效果很重要。本案例设置的描边粗细是10像素，绘制的大小也比较适合。如果将图标放大，相应的描边也会变细，这样图标看起来就会比较单薄。所以绘制大图标时，描边粗细值要设置得大一些；绘制小图标时，描边粗细值要设置得小一些。更改同一版本图标大小时，也需要注意调整相应的描边粗细值，具体的数值根据视觉效果进行调整。

● 圆角线性图标

第一步，设置描边属性。先对矩形工具的属性进行设置，将"填充"设置为无，"描边"设置为深灰色，"粗细"设置为10像素，描边的"对齐类型"设置为居中。

第二步，绘制圆角矩形。用圆角矩形工具按照图10-46所示绘制圆角矩形，3个图形水平居中对齐。

第三步，删除多余路径。用钢笔工具按照图10-47所示的位置添加锚点，用直接选择工具选择多余路径，按Delete键删除路径。用直线工具绘制两条直线。扫描图10-48所示二维码，可观看圆角线性图标的详细教学视频。

图10-48

图10-46

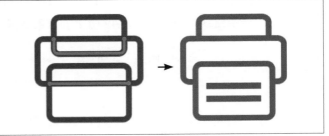

图10-47

● 断线线性图标

第一步，设置描边属性。先对椭圆工具的属性进行设置，将"填充"设置为无，"描边"设置为深灰色，"粗细"设置为10像素，描边的"对齐类型"设置为居中。

第二步，绘制圆形，制作断线。绘制一个圆形，用钢笔工具按照图10-49所示添加锚点，再删除多余路径，将描边的端点改为圆点。用钢笔工具从断口处绘制一条直线。

第三步，制作放大镜的细节。绘制圆形，且将大圆和小圆居中对齐，按照图10-50所示添加锚点，再删掉多余路径，将描边的端点改为圆点，将整个图形旋转45°。扫描图10-51所示二维码，可观看断线线性图标的详细教学视频。

图10-51

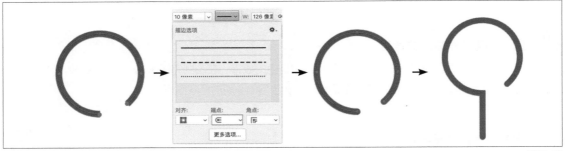

图10-49

图10-50

案例 扁平化图标的绘制

扁平化图标是利用不同的颜色堆叠在一起来体现层次感的图标类型。下面将通过4个案例来讲解不同类型扁平化图标的绘制方法。

纯扁平化图标

第一步，制作图标框。绘制一个圆角正方形，设置填充颜色为蓝色；再绘制一个圆角正方形，设置填充颜色为白色；再绘制一个矩形，设置填充颜色为绿色。将3个图形居中对齐，如图10-52所示。

第二步，绘制山和太阳。用钢笔工具绘制山的形状，设置填充颜色为深青色。利用剪贴蒙版把山多余的部分遮挡掉。绘制一个圆形，设置填充颜色为黄色，如图10-53所示。扫描图10-54所示二维码，可观看设计纯扁平化图标的详细教学视频。

图10-54

图10-52

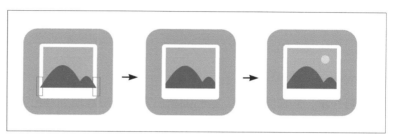

图10-53

渐变图标

渐变图标主要运用图层样式中的渐变叠加来营造折纸的效果。

第一步，制作图标框和地标。绘制圆角正方形，设置填充颜色为米灰色。接着绘制圆形，设置填充颜色为红色，然后使用钢笔工具将圆形改变为倒着的水滴形。再绘制圆形，放在地标的上方，设置填充颜色为米灰色，如图10-55所示。

第二步，制作地图。绘制矩形，设置填充颜色为蓝色，用自由变换的透视功能将其变换为梯形。用钢笔工具绘制白色的曲线，并用剪贴蒙版遮挡多余的地方。然后在曲线上绘制4个圆形作为地图的装饰，如图10-56所示。

图10-55

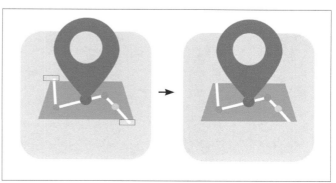

图10-56

第三步，制作图标的折叠效果。在图标的中心位置拉一条参考线，复制地标图层，以参考线为基准切掉一半形状，将得到的形状在"图层"面板上的"填充"设置为0，并设置渐变叠加效果。用同样的方法制作地标下的圆点和地图的渐变叠加效果，如图10-57所示。扫描图10-58所示二维码，可观看渐变图标的详细教学视频。

图10-58

图10-57

短投影图标

第一步，制作图标框。绘制圆角正方形，设置填充颜色为绿色。

第二步，制作白色圆角矩形框。绘制圆角正方形，设置描边颜色为白色。用矩形工具绘制两个矩形，并将其与白色圆角矩形框居中对齐，作为添加锚点的辅助图形。用钢笔工具按照两个矩形框的位置添加锚点，并删掉多余路径，将描边的端点改为圆点，隐藏辅助图形，如图10-59所示。

第三步，制作小方框。绘制圆角正方形，设置描边颜色为红色，如图10-60所示。

第四步，制作短投影。用图层样式为白色圆角矩形框和小方框制作投影。在设置参数时，投影的不透明度和距离不宜过大，"不透明度"设置为20%，"距离"设置为10，"角度"设置为90°，如图10-61所示。扫描图10-62所示二维码，可观看短投影图标的详细教学视频。

图10-62

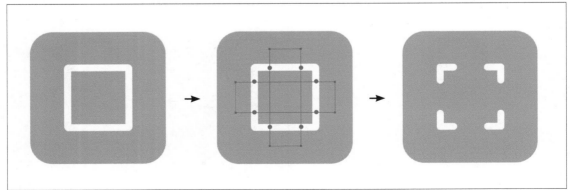

图10-59

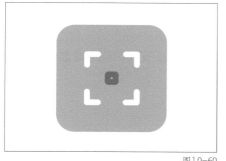

图10-60

图10-61

长投影图标

第一步，制作图标框。绘制圆角正方形，设置填充颜色为米灰色。

第二步，制作热气球。绘制一个圆形，设置填充颜色为深青色。继续绘制一个椭圆形，设置填充颜色为白色。再绘制一个椭圆形，设置填充颜色为深青色。调整3个图形的大小，使其直径相等。绘制一个小圆角矩形，设置填充颜色为红色，如图10-63所示。

第三步，制作长投影。用钢笔工具分别沿着小圆角矩形和热气球的边缘绘制图形，并将图层置于它们的下方，降低其不透明度。长投影的位置要刚好与图形相切，这样看起来才自然。最后用剪贴蒙版将多余的投影隐藏掉，如图10-64所示。扫描图10-65所示二维码，可观看长投影图标的详细教学视频。

图10-65

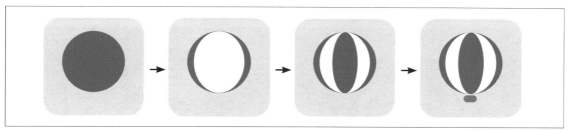

图10-63

图10-64

至此，图形工具组已讲解完毕。扫描图10-66所示二维码，可观看教学视频，回顾本节学习内容。

图10-66

第2节 图层样式

图层样式的高级之处就在于它的角度、混合模式及颜色等相关设置都可能造成最终效果的变化。在制作轻质感图标时经常使用图层样式来表现立体感。

知识点 1 图层样式的作用

图层样式的选项包括投影、外发光、内阴影、描边、渐变、叠加、颜色叠加和图案叠加等。投影、外发光、内发光、描边等都是常用的选项，其作用在图形上，可以进行反复修改，非常方便。应用图层样式制作的图标作品如图10-67所示。

图10-67

知识点 2 图层样式的基础认识

在使用图层样式前，需要先了解其使用范围、位置，以及其与内容的关系。

图层样式的使用范围

图层样式通常作用在普通图层上，在普通图层上单击鼠标右键，在弹出的菜单中就可以看到"混合选项"选项，如图10-68所示。图层样式不适用于背景图层和被锁定的图层。在锁定图层上单击鼠标右键，弹出的菜单中的"混合选项"选项是灰色的，表示该选项不可被选中，在背景图层上单击鼠标右键，弹出的菜单中是没有"混合选项"选项的，如图10-69所示。

图10-68

图10-69

图层样式的位置

打开"图层样式"对话框的方式包括双击图层；在图层上单击鼠标右键，在弹出的菜单中选择"混合选项"选项；单击"图层"面板的"添加图层样式"按钮；单击"图层"面板右上角的菜单按钮，选择"混合选项"选项，如图10-70所示。

图10-70

图层样式与内容的关系

设置图层样式的图层内容可以包括文字、形状、图片等。下面用文字来举例说明图层样式与内容的关系。文字使用了内阴影和投影效果，当更改文字内容时，可以看到图层样式也跟着文字发生变化，如图10-71所示。图层样式基于图层内容，无论图层内容怎样改变，图层样式都会跟着图层内容发生改变。

图10-71

知识点 3　样式和混合选项

默认样式

在"图层样式"对话框左侧的"样式"选项卡里都是Photoshop中自带的样式类型，可以直接使用。也可以将设置好的图层样式进行存储，在下一次制作图标时快速应用样式，避免重复操作，如图10-72所示。

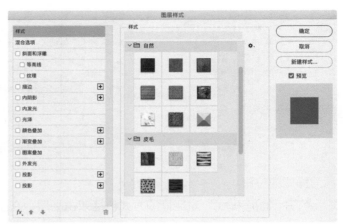

图10-72

混合选项

混合选项主要包括3个内容——常规混合、高级混合和混合颜色带。

常规混合

常规混合包括"混合模式"和"不透明度"，这是经常会用到的两个选项。这两个选项可以在"图层"面板中设置，如图10-73所示。在"图层样式"对话框中设置"混合模式"和调整"不透明度"时，"图层"面板中的这两个选项也会同步发生变化。

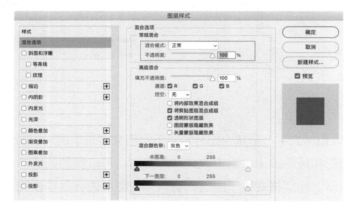

图10-73

高级混合——填充

"图层样式"对话框中的"填充不透明度"和"图层"面板上的"填充"选项是一样的，如图10-74所示。

图10-74

"填充不透明度"主要用于控制图层内容的不透明度。那它与"图层"面板中的"不透明度"有什么区别呢？

以图10-75为例，将图层的不透明度调整为50%，文字的颜色以及文字上所应用的效果都降低了不透明度；将不透明度改为100%，然后降低填充不透明度，文字本身的颜色降低了不透明度，而文字上所作用的图层样式效果不发生任何变化。

绘制图标时会经常用到填充，在不想显示图层内容，但是又想要显示图层样式效果时，通常把填充不透明度设置为0。以图10-76为例，填充不透明度设置为0后，文字颜色完全变透明了，而上面使用的内阴影和投影依然作用在文字图层上。

图10-75　　　　　　　　　　　　　　　　　　图10-76

高级混合——通道

通道的作用是将"混合选项"限定在指定的通道内，没有被勾选的通道将排除在外，默认情况下系统会勾选所有通道。通道选项还跟图像的色彩模式有关，以图10-77为例，文档的色彩模式是RGB时，通道选项只有3个。如果是CMYK文件，它的通道选项就会变为4个。取消勾选最后一个通道，可以看到图层效果只作用在前面两个通道上。

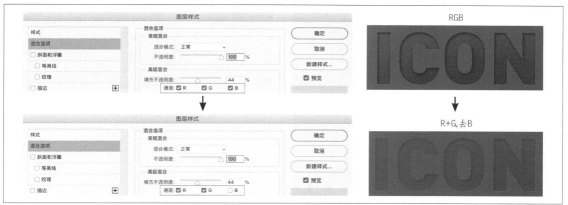

图10-77

高级混合——挖空

"挖空"主要是用上方图层的形状来显示下方图层的内容。在默认情况下，"挖空"的选项为"无"，即没有任何特殊效果，它是通过选择"深"选项或"浅"选项来决定目标图层及其效果是如何穿透的。

在使用"挖空"选项的时候需要满足两个条件：一是该图层设置了图层混合模式或调整了图层的填充，如果图层混合模式为正常，填充为100%，在设置"挖空"选项时图层没有任何效果；二是文件必须包含3个以上的图层。第1个图层是需要挖掉的图层，即目标图层。第

2个图层是需要穿透的图层。第3个图层是需要被显示的图层。以图10-78为例，将礼物图层的图层混合模式设置为"滤色"，可以看到使用了"挖空"选项以后的效果。再将填充设置为0，当前图层的颜色就被隐藏掉了，而完全显示背景图层。如果将显示的图层（背景层）删掉，当前图层（目标图层）的挖空效果则会变为透明。

混合模式：正常 填充：100% 挖空：浅

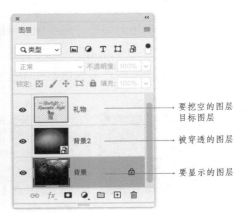

要挖空的图层 目标图层
被穿透的图层
要显示的图层

混合模式：滤色 填充：100% 挖空：浅

混合模式：滤色 填充：0% 挖空：浅

图10-78

如果"图层"面板中不含图层组，设置挖空的"深"或"浅"选项时，所得到的效果一致。只有"图层"面板中包含图层组时，选择"深"和"浅"选项的结果才能看出区别。

以图10-79为例，将当前图层的"挖空"设置为"浅"，"填充"设置为0，可以看到它穿透"背景4"而显示"背景3"。如果将"挖空"设置为"深"，当前图层直接穿透所有中间图层，显示背景层的内容，这就是挖空的"深"和"浅"选项的区别。

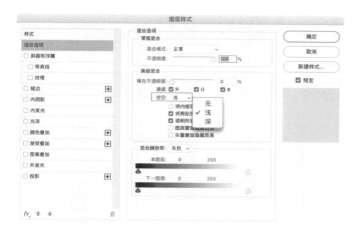
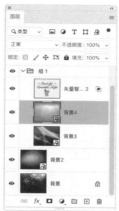

挖空：浅

挖空：深

图10-79

高级混合——分组混合选项

分组混合选项的作用是限定混合效果的作用范围，它包括"将内部效果混合成组""将剪贴图层混合成组""透明形状图层""图层蒙版隐藏效果"和"矢量蒙版隐藏效果"，如图10-80所示。

图10-80

"将内部效果混合成组"选项，其效果有内发光、颜色叠加、渐变叠加和图案叠加。内阴影、内发光等作用在图形内部的效果被称为内部效果。

以图10-81为例，文字设置了投影和内发光效果，"填充"设置为0，"挖空"设置为"浅"。在没有勾选"将内部效果混合成组"选项时，文字效果有投影和内发光。如果勾选了该选项，那么内发光的效果就没有了，即内部效果不显示。

投影 内阴影 填充：0%　　　　　　　　　　　投影 内阴影 填充：0% 挖空：浅

投影 内阴影 填充：0% 挖空：浅 将内部效果混合成组

图10-81

　　"将剪贴图层混合成组"选项主要用于控制剪贴蒙版和基底图层的混合属性。基底图层是指剪贴蒙版作用的下方的图层，默认情况下该选项是被勾选的状态。

　　以图10-82为例，将基底图层的图层混合模式设置为"滤色"，那么作用在它上方的剪贴蒙版也会受到滤色的影响而发生改变。如果取消勾选"剪贴图层混合成组"选项，上方的剪贴蒙版将不受下方图层的混合模式影响。

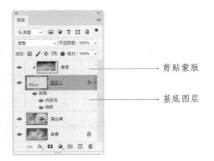

剪贴蒙版

基底图层

图10-82

"透明形状图层"选项是指将图层混合效果和挖空选项限制在不透明区域，默认情况下该选项是被勾选的状态。如果取消勾选"透明形状图层"选项，那么图层混合效果和"挖空"选项将作用在整个图层上，如图10-83所示。

勾选 不勾选

图10-83

"图层蒙版隐藏效果"和"矢量蒙版隐藏效果"这两个选项的效果是一样的，只是"图层蒙版隐藏效果"作用的对象是图层蒙版，"矢量蒙版隐藏效果"作用的对象是矢量蒙版。下面以"图层蒙版隐藏效果"为例讲解该选项的作用。

以图10-84为例，当前图层应用了一个椭圆形的图层蒙版，内发光效果作用在图层蒙版所限定的范围内。勾选"图层蒙版隐藏效果"选项，作用在图层蒙版上的内发光效果就被隐藏了。

不勾选 勾选

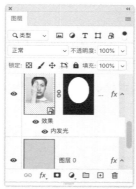

图10-84

混合颜色带

"混合颜色带"可以控制本图层的图像显示或隐藏，还可以控制下一图层的显示或隐藏，如图10-85所示。

首先需要选择混合颜色带的通道范围，其默认情况下为"灰色"。选择"灰色"将混合全部通道，在多数情况下需要混合图像的

图10-85

全部通道，当然也可以从下拉菜单中选择单个通道来进行颜色混合。

"混合颜色带"的"本图层"是指当前处理的图层，"下一图层"是指当前图层下方的图

层，移动"本图层"的滑块，可以隐藏本图层而显示下面图层的内容。

"混合颜色带"的滑块又分为黑滑块和白滑块。移动黑滑块，比该滑块位置暗的像素都会被隐藏；移动白滑块，比该滑块位置亮的像素都会被隐藏。

以图10-86为例，保持"混合颜色带"的通道范围为灰色，将本图层的黑滑块向右移动，隐藏火焰的暗色区域，露出手的部分，将下一图层的白滑块向左移动，去掉火焰多余的地方。 扫描图10-87所示二维码，可观看混合颜色带的详细教学视频。

图10-87

图10-86

知识点4 图层样式综合运用

下面以一个石膏球为例，来讲解光源作用在物体上所产生的光影效果，如图10-88所示。石膏球的光源来自右上角，从右上角至左下角依次为石膏球的亮面、灰面、明暗交界线、反光和投影，这些光影构成了石膏球的立体效果。使用图层样式可以模拟这些光影效果。

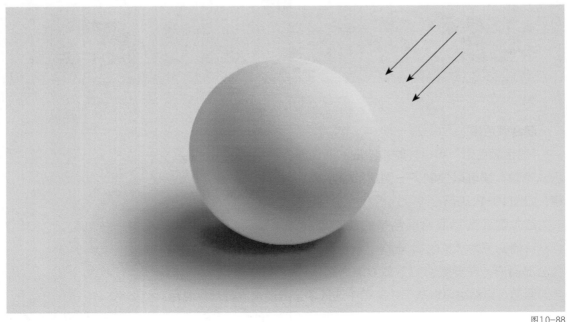

图10-88

图层样式的选项可分为3类。第1类作用在物体外部，包括外发光、投影和外描边。 外描边是指描边位置设置为外部，描边会在物体的外边。

第2类作用在物体内部，包括内发光、内阴影和内描边。

第3类作用在物体表面，包括斜面和浮雕、光泽、颜色叠加、渐变叠加和图案叠加效果。

投影和内阴影案例

了解图层样式各选项作用在物体的位置之后，就可以运用这些选项来进行图标的制作。下面通过一个案例来讲解投影和内阴影的使用方法。图10-89所示是案例的完成效果。

图10-89

制作矩形框的内阴影

在本案例中设置光影的角度为120°，并取消勾选"使用全局光"选项，如图10-90所示。使用全局光可以统一光源方向，如果勾选该选项，只要改动一个混合选项的光源角度，其他选项的角度也会跟着改变。本案例取消使用全局光。在为图标添加立体效果时，参数设置不宜过大。因为光影效果是细微的变化，如果数值设置得太大，会显得非常不自然。

图10-90

制作矩形框的投影

投影的颜色一般都是比较深的，那么在这个案例中，投影将作为高光边缘来设置，而内阴影就作为暗面，这样就可以使矩形框产生凹陷感。

投影既然作为高光的边缘，那么"距离"和"大小"参数都要设置得比较小，如图10-91所示。如果高光边缘需要表现得比较锐利，可以将"大小"设置为0，这样高光边缘看起来就会很清晰。投影的大小可以理解为投影的羽化程度，数值越大，投影的边缘越模糊，数值越小，投影的边缘越清晰。

图10-91

复制效果

在"图层"面板上，按住Alt键，将效果图标拖曳到其他图层上，就可以在其他图层上应用相同的混合效果，如图10-92所示。扫描图10-92所示二维码，可观看本案例的详细教学视频。

图10-92

制作凹面和凸面案例

根据光源方向，可运用图层样式来表现物体的凹面和凸面，图10-93所示是图标的完成效果。案例素材已经绘制好图形，本案例需要为这个图形添加上图层样式，让它具有立体感，如图10-94所示。先来分析一下光源方向，以及根据光源方向作用在物体上的光影。

本案例拟定光源在物体的正上方，深灰色椭圆形要表现出凹下去的感觉，而绿色椭圆形则是凸起来的。绿色椭圆形整个处于凹陷的位置，所以它的四周应该是比较暗的，然后凸起来的中间部位会亮一些。圆形按钮是一个凸起来的面，受顶光的照射，顶部是受光面，因此顶部较亮，底部较暗。因为它是凸起来的，有立体感，所以它还有投影。分析完成后，下面将进行具体的操作。

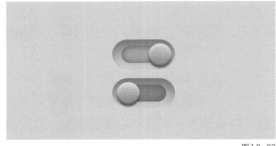

图10-93

图10-94

制作物体的凹面

设置图标由亮到暗或由暗到亮的颜色变化时，最常用的选项是渐变叠加。

把大圆角矩形的渐变颜色设置为从深灰到浅灰。在设置渐变颜色时，两个颜色之间的差异不要太大，因为光照在物体上的颜色变化不会有太大的差异。接着用投影为大圆角矩形添加一个柔和的高光边缘，再用内阴影加深凹下去的感觉，如图10-95所示。

提示　如何定义渐变颜色？

在设置渐变颜色时可以有一个基础参考，如当前的背景色是偏灰的，那么整体渐变色要比背景色深一些，这样既能表现出图形的立体感，又能与背景产生和谐的效果。

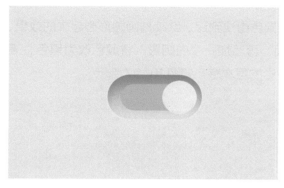

图10-95

制作物体的凸面

选择小圆角矩形，用内发光来体现物体凸起来的感觉。在设置内发光的颜色时，可以选择形状原有的绿色，然后在绿色的基础上，在色域范围内把鼠标拖曳到暗色区域，而不要设置为纯黑色。接着为小圆角矩形设置一个由深到浅的渐变描边，让它边缘清晰的同时，还能得到一个高光边缘，如图10-96所示。

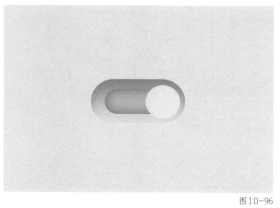

图10-96

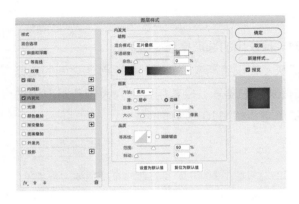
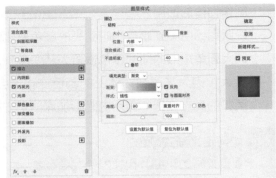

图10-96（续）

制作圆形的立体效果

用渐变叠加表现圆形表面的光影方向，渐变颜色由浅到深。继续刻画圆形凸起来的效果，将内阴影的颜色设置为白色，表现圆形的受光面。再添加一个内阴影，将颜色改为黑色，表现圆形的背光面。接着用两层投影来体现圆形投影的层次感，如图10-97所示。

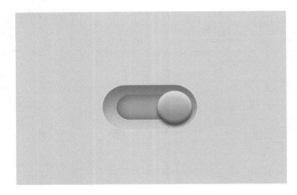
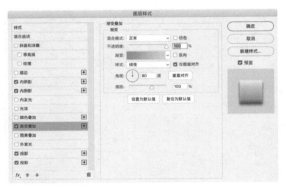

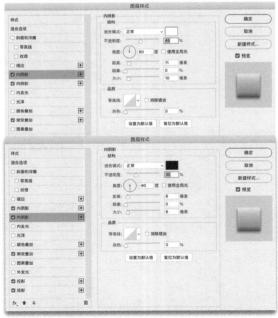
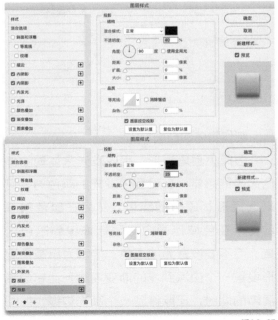

图10-97

制作另一个图标

将图层进行编组，并复制图层组，将圆形水平移动到左边，然后将绿色圆角矩形的颜色改为橙色，如图10-98所示。扫描图10-98所示二维码，可观看本案例的详细教学视频。

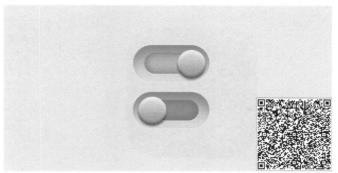

图10-98

知识点5 综合案例

本案例主要训练图层样式的综合运用，图10-99是图标的完成效果。这个图标主要运用的图层样式是斜面和浮雕、渐变叠加、内阴影和投影等。

图10-99

制作图标框

新建尺寸为1024像素×768像素的文件，绘制一个圆角正方形，设置填充颜色为深灰色。接着，用图层样式的"斜面和浮雕"效果来体现图形的立体感，样式设置为"内斜面"。在设置高光和阴影时，参数的数值要设置得相对小一些，在20%~30%之间即可，这样高光和阴影的效果不会太突兀，如图10-100所示。

 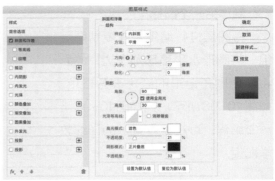

图10-100

制作凸起的圆环

绘制一个圆环，并将其放在圆角正方形的中心位置，设置其图层样式为"斜面和浮雕"，将样式改为"枕状浮雕"。接着复制圆环，将斜面和浮雕的效果删除，添加渐变叠加效果，渐变颜色由深到浅，这样就得到了一个外面是凸起而里面是内陷的圆环效果，如图10-101所示。

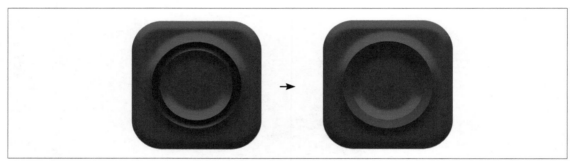

图10-101

制作时钟的盘面

复制圆环图层，把图层样式的效果删掉，用路径选择工具，选择外面的圆形，按Delete键删除，设置"路径操作"为"合并形状"。接着为这个圆形填充由浅到深的渐变颜色。因为圆形处于凹陷的位置，所以需要用内阴影添加一圈暗色，如图10-102所示。

制作时钟的时间点

用路径选择工具选中一个圆形，拉出两条参考线，确定圆心位置。按照图10-103所示的位置先绘制一个圆点，并运用"多重复制"让圆点围绕圆心一周。合并圆点图层，再复制该图层，只留下上、下、左、右4个圆点，删除其他圆点，为剩下的圆点添加描边，使其看起来略大。

 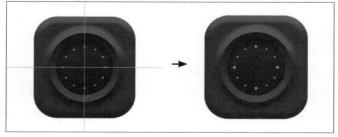

图10-102　　　　　　　　　　　　　　　　　　　　　　　　图10-103

制作时针和分针

　　用矩形工具绘制一个矩形，将矩形上方的两个直角设置为圆角，把图形移到中心位置，用内阴影和投影制作图形的立体效果。设置好以后，复制该图层，用自由变换功能拉长并旋转图形，将其调整为分针。绘制一个圆形，使其大小刚好能挡住时针和分针的交叉点，然后用渐变叠加、内阴影和投影为圆形添加立体效果，如图10-104所示。

制作秒针

　　绘制一个圆形和矩形，在矩形的短边中心位置添加一个锚点，再删掉左右两边的锚点，使其变为尖角。将两个图形居中对齐并合并图层，旋转其角度，再添加投影，如图10-105所示。

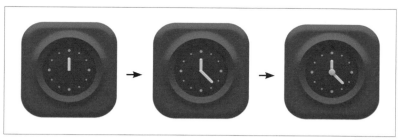

图10-104

图10-105

制作图标的投影

　　复制圆角正方形图层，并将其图层样式删除，用高斯模糊和动感模糊对图形作模糊处理，使投影有一个由深到浅的颜色变化，然后调整投影的位置和大小。接着，为图层添加图层蒙版，用渐变工具由下至上拖曳一个由黑色到透明的渐变，使投影的显示范围缩小。再复制一遍未被模糊的圆角正方形图层，为该图形添加投影，让投影更有层次，如图10-106所示。

制作图标的背景

　　单击"图层"面板下方的"创建调整图层"按钮，选择"渐变"选项，根据正上方的光源方向，设置一个由浅到深的灰色，如图10-107所示。扫描图10-108所示二维码，可观看本案例的详细教学视频。

图10-108

图10-106

图10-107

　　至此，图层样式已讲解完毕。扫描图10-109所示二维码，可观看教学视频，回顾本节学习内容。

图10-109

本章模拟题

1. 连线题

如果希望对图层应用非破坏性的投影效果，正确的操作步骤是？

A. 在"图层样式"对话框中调整设置并单击"确定"按钮　　1. 第1步

B. 在"图层"面板中选择目标图层　　　　　　　　　　　2. 第2步

C. 单击"添加图层样式"按钮 fx　　　　　　　　　　　3. 第3步

D. 从菜单中选择"投影"选项　　　　　　　　　　　　4. 第4步

E. 双击投影效果，对效果进行微调　　　　　　　　　　5. 第5步

参考答案

本题正确答案为 B-1、C-2、D-3、A-4、E-5。

2. 单选题

复制并粘贴图层样式会产生什么效果？

A. 粘贴的图层样式将被添加到目标图层"上方"的新图层上

B. 粘贴的图层样式将与现有的图层样式结合

C. 目标图层中现有图层样式将被收起并禁用

D. 现有的图层样式将被替换为粘贴的图层样式

> **提示** 图层样式是应用于一个图层或图层组的一种或多种效果。在 Photoshop 中，除了图层可以进行复制粘贴，图层样式也可以。对于处理类似的图像效果，复制粘贴图层样式可以提升工作进度。对于已有图层样式的图层，粘贴的图层样式将与现有的图层样式结合。

参考答案

本题正确答案为 B。

3. 操作题

用"图层样式"对话框中的"斜面和浮雕"选项为菱形组合图层添加具有等高线的外斜面浮雕效果，使平面图形具有立体感，如图 10-110 所示。

参考答案

（1）选择菱形组合图层，单击"添加图层样式"按钮，选择"斜面和浮雕"选项，如图 10-111 所示。

（2）样式选择"外斜面"，勾选"等高线"选项，如图 10-112 所示。

图10-110

图10-111

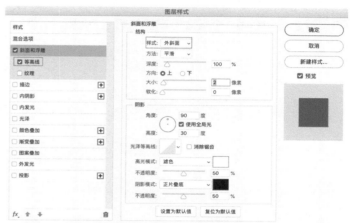

图10-112

223

作业：绘制第三方图标

核心知识点 图形工具和图层样式的使用

尺寸 800像素×600像素

颜色模式 RGB色彩模式

分辨率 72ppi

作业要求

（1）掌握第三方图标的特点进行改变。

（2）图标风格要统一。

（3）需要绘制图中4个互联网产品的第三方图标。

完成范例

第 **11** 课

文字——图文结合

本课从文字设计必须了解的基础知识讲起，帮助读者在设计前对字体选择、排版等树立正确的认识，再通过简单的案例，让读者掌握文字工具的使用和段落设置等软件技能。

本课的后半部分，将讲解文字工具与液化工具、图层样式、图形、蒙版相结合的4个案例，帮助读者在使用文字工具时能做到举一反三。最后，本课还将讲解文字综合案例的制作，帮助读者巩固文字工具与形状工具等多种工具的使用方法。

第1节　文字设计基础知识

使用Photoshop可以进行很多与文字有关的设计，包括字体设计、文字特效设计、图文排版设计等，如图11-1所示。

图11-1

知识点 1　中英文字体分类

中英文字体可以分为衬线体和非衬线体。

衬线体起源于英文字体，文字笔画具有装饰元素，而非衬线体的笔画没有装饰元素，笔画粗细基本一致。衬线体和非衬线体有着不同的特质。衬线体一般比较严肃、典雅，因为其起源于印刷，所以用于印刷大段文字中可读性更佳；而非衬线体一般比较轻松、休闲，因为笔画没有装饰元素，用在电子屏幕上显示效果更佳。衬线体和非衬线体的概念延伸到中文里也同样适用，如最常见的宋体就是衬线体，而黑体、幼圆等字体则是非衬线体，如图11-2所示。

图11-2

知识点 2　文字的大小和粗细

同一款字体一般会有不同的字重，也就是不同的粗细。在文字大小和粗细的选择上，一般正文会选择用较小、较细的字体，而标题会选择较大、较粗的字体，如图11-3所示。

图11-3

知识点 3 字体的个性

不同的字体有不同的个性。一些字体从名称上就能感受其个性，如力量体、娃娃体、综艺体等，如图11-4所示。

从作品中也能体会字体的个性。图11-5中使用的是手写体，手写体一般具有古朴、典雅、文艺的气质，适用于历史、传统文化题材的作品。图11-6中使用的是黑体，黑体具有现代、简约的气质，适合用于现代艺术展览的宣传作品中。

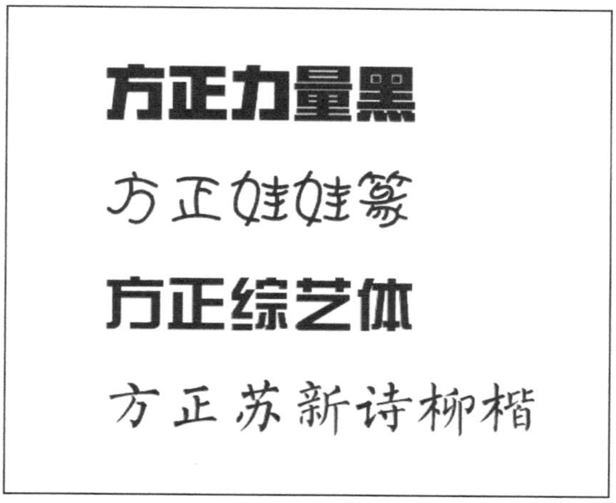

一些字体还能体现出性别的特质，如衬线体一般更加柔美，所以更多地使用在女性题材的作品中，如图11-7所示。黑体一般更能体现力量感，所以更多地使用在男性题材的作品中，如图11-8所示。

图11-4

图11-5

图11-6

图11-7

图11-8

提示 在使用字体时，特别是在制作商业项目时，一定要注意字体的版权。大部分字体都不能免费商用，需要取得商业授权才能商用。如果想要节约字体授权的费用，可以在网上搜索免费、免版权的字体来练习和使用。

知识点 4 排版四大原则

在文字排版设计中遵循对齐、对比、重复、亲密4个原则，做出来的作品不易出错。这4个原则在实际应用中是互相嵌套的，因此使用时需要灵活组合。

对齐

对齐包括文字与文字的对齐、文字与图片的对齐等。对齐方式包括左对齐、顶对齐、两端对齐等。对齐可以让图文看起来更加整齐、有条理，如图11-9所示。

对比

对比可以突出重点，建立文字的信息层级，如图11-10所示。在对比的手法中，不仅包括大小对比，还有颜色对比、字体对比等。

图11-9

重复

利用重复的元素可以将画面的内容进行划分，在作品中同样层级的信息要素，可以使用统一的设计规范，如统一的字体、字号、对齐方式等。以图11-11为例，同样的标题使用同样的字体、字号和对齐方式，可以避免版面杂乱无章，使版面看起来更加简洁美观。

图11-10

亲密

亲密，简单来说就是把画面中的信息进行分类，把每一个分类做成一个视觉单位，而不是很多孤立的元素。以图11-12为例，海洋保护标题和英文标题组成了一个视觉单位，世界海洋日与日期是另一个视觉单位，放在海报的下半部分，这样做可以使画面看起来更有组织性和条理性。

图11-11

将这4个原则灵活运用在设计之中，可以打造出层次分明的作品。

图11-12

知识点5 常见的图文构成

在浏览图文设计作品时，可总结一些常见的图文构成，以便在设计时参考。以Banner设计为例，常见的图文构成有左右结构、上下结构，以及较稳定的对称式构图等，如图11-13所示。

图文排版还有很多灵活的方式，可以在网上多看优秀的平面作品，参考其排版方式，再加以吸收和优化。

至此，文字设计基础知识已讲解完毕。扫描图11-14所示二维码，可观看教学视频，回顾本节学习内容。

图11-14

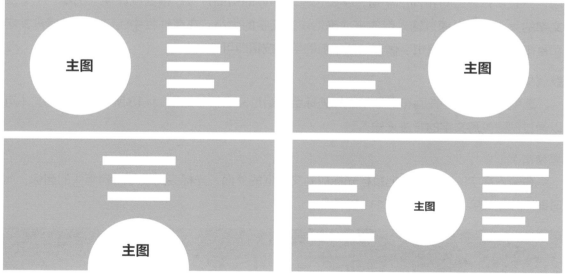

图11-13

第2节 文字工具的使用技巧

掌握文字设计基础知识后，就可以开始动手制作文字设计作品了。本节将通过简单的案例讲解Photoshop中文字工具的使用方法。

两种常用文字工具

文字工具位于工具箱中，是一个大写字母T的图标，单击文字工具图标或使用快捷键T可以调出文字工具。文字工具的功能是输入文本，工具组中最常用的是横排文字工具和直排文字工具，如图11-15所示。横排文字工具，用于输入水平方向的文本，而直排文字工具用于输入垂直方向的文本。

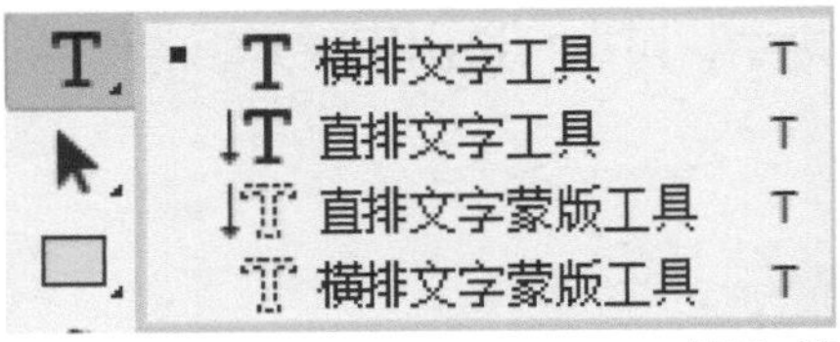

图11-15

点文字

选中横排文字工具，在画布上单击，可以创建一个点文字。像字母或词语这样较短的文字，可以通过创建点文字的方法来输入，如图11-16所示。输入文字后，可以在属性栏中调整文字的字体、字号、字重等，如图11-17所示。

图11-16

图11-17

选中文字后，可以在属性栏中选择字体，选择字体时，画布上可预览字体效果。在系统的字体比较多的情况下，还可以单击字体前的星形按钮收藏常用的或喜欢的字体，方便再次使用。一些字体还会有不同的字重，字重也就是字体的粗细，可以根据设计需求选择。字号即文字的大小，可以通过输入数值来准确地设置文字的大小。在属性栏中还可以进行横排文字和直排文字的切换，单击字体下拉菜单前的切换按钮即可。

段落文字

选中文字工具，在画布上拖曳鼠标光标绘制矩形文字框，如图11-18所示。大段的文本可以通过创建段落文字的方法来输入。

移动文字位置

在输入文字的状态下，把鼠标光标放到文字框的外面，光标会变成带方向箭头的图标，此时即可移动文字的位置，如图11-19所示。

图11-18

图11-19

设置一个新的文字起点

在输入文字后，如果还想继续输入新的文字，可以在使用文字工具的状态下，按住Shift键，再次单击空白的画布，即可创建一个新的文字输入起点，如图11-20所示。

图11-20

取消文字工具的状态

按Esc键或选择工具箱中的任意工具即可退出文字工具状态。

使用文字工具的基础功能就能做出好看的图文作品，如使用图11-21所示的背景图，利用文字的基础功能可创作出如图11-22所示的足球比赛宣传图。

图11-21

图11-22

扫描图11-23所示二维码，观看教学视频。至此，文字工具的使用技巧已讲解完毕。扫描图11-24所示二维码，回顾本节学习内容。

图11-23

图11-24

第3节 文字段落设置

输入较多文字时，需要对文字进行段落设置，调整文字的行间距、字间距，并设置文字对齐方式等。

下面通过制作一个案例来学习文字的段落设置，案例效果如图11-25所示。

先制作文字的背景。打开图11-26所示的背景素材，使用椭圆工具绘制一个圆形，将圆形的填充颜色设置成绿色，可以在背景图片中吸取绿色。把圆形拖曳到画面的中央，然后在"图层"面板中调整圆形的不透明度，调整后的效果如图11-27所示。

图11-25　　　　　　　　　图11-26　　　　　　　　图11-27

文本对齐

输入中间的主文字，再将文字居中对齐。选中需要对齐的文字，在属性栏中可以看到一组对齐按钮，其中包括包括左对齐、居中对齐和右对齐。单击相应的按钮即可设置对齐方式，本案例中主文字为居中对齐。

设置字距

文字对齐后，需要设置文字的字间距。在选中文字工具的状态下，在属性栏可以调出"字符"面板，其中可设置字符的各种参数，包括字号大小、行间距、字间距等，如图11-28所示。在

图11-28

本案例中需要将主文字的字间距稍微调整得小一些，让主文字看起来更紧凑。

路径文字

除了输入横排或竖排文字，使用文字工具还可以沿着一定的路径来输入文字，如本案例中的环形文字。使用钢笔工具或形状工具画出路径，再使用文字工具在路径上单击，即可输入路径文字，如图11-29所示。

同理，可以制作下半圈的文字。输入文字后，可以看到下半圈文字绕路径的外围显示。如果想将文字向圆形内部内移动，需要在选中文字工具的状态下，按住Ctrl键，当鼠标光标出现箭头时，将文字向圆形路径内拖曳，文字就移动到圆圈内了，如图11-30所示。

退出文字工具的状态，再调整一下文字的细节，增加装饰元素，即可完成本案例的制作。扫描图11-31所示二维码，观看文字段落设置的详细操作教学视频。

图11-31

图11-29

图11-30

第4节 文字的综合应用

Photoshop的文字工具与其他工具结合使用，可以打造出很多惊艳的效果。本节将通过4个案例讲解文字工具分别与图层样式、液化工具、图形、蒙版结合的设计方法，给读者提供更多使用文字工具的思路。

案例1 文字 + 图层样式

使用文字工具结合图层样式，可以制作出各种特效字，如图11-32所示的特效字都可以运用文字工具和图层样式来制作。

图11-32

本案例将制作霓虹灯特效字。

输入文字

打开背景图片，使用文字工具输入文字，然后调整字体、字号和颜色，并将文字调整到画面中合适的位置，按Esc键退出文字工具状态。

添加外发光效果

双击文字图层，打开"图层样式"对话框，在其中勾选"外发光"选项，更改外发光的颜色、拓展、大小和不透明度。这时发光的灯管效果就完成了，如图11-33所示。

增加光线氛围

最后增加背景的发光氛围。将文字图层复制并栅格化处理。栅格化文字图层的同时也需要栅格化图层样式，再将这个图层转换为智能对象，并将这个图层调整到原来文字图层的下方。选中复制的文字图层，执行"滤镜－模糊－高斯模糊"命令，将模糊的半径尽量调整得大一些，让光更柔和。到这里霓虹灯特效字效果就完成了，如图11-34所示。

可扫描图11-35所示二维码，观看文字＋图层样式案例的详细操作教学视频。

图11-33

图11-34

案例 2 文字 + 液化工具

除了结合图层样式，使用文字工具结合液化工具也能打造出酷炫的文字效果，如图11-36所示的流动混色字体就是使用文字工具和液化工具打造的。

图11-35

处理背景并输入文字

新建文档，在文档中置入图11-37所示的背景素材，将其调整到合适的大小和位置后，栅格化背景素材图层。注意，想要做出流动混色的文字效果，需要选择一张颜色较鲜艳、对比度较大的图片作为背景。复制一个背景素材图层备用，将原图层隐藏起来。使用文字工具，在画面中央输入点文字"happy"，更改文字的字体、字号等。

图11-36

图11-37

将背景素材上文字选区内的像素复制出来

　　将文字放到背景素材中多个颜色交界的地方，并将其创建成选区。选中复制出来的背景素材图层，添加图层蒙版，将背景素材图层移动到文字图层的上方，隐藏原来的文字图层，这样带有背景图案的文字就做出来了，如图11-38所示。将该图层复制3份备用。

液化文字图层

　　将复制出来的3个文字图层转换为智能对象，并将这3个图层创建为一个图层组。这3个图层分别用来打造3种不同的细节效果。

　　第一个图层用来实现颜色混合的效果。选中图层后，执行"滤镜-液化"命令，对字体进行涂抹变形，使文字笔画上的颜色产生混合效果。涂抹时，可以根据文字笔画的粗细来调整画笔的粗细。第二个图层用来实现颜料溢出的效果，使用液化工具在一些连笔的位置对文字进行调整。第三层用来实现连笔的效果，使用液化工具增加液体流动下来的痕迹。文字调整后整体效果如图11-39所示。

图11-38

图11-39

处理背景图层

　　给背景素材图层增加一个曲线调整图层，将整个背景压暗，这样可以增强文字和背景之间的对比。选中背景素材图层，执行"滤镜-模糊-高斯模糊"命令，得到一个与文字色系接近的渐变风格背景。

增加装饰文字

　　为了突出文字的效果，还可以继续对文字进行调整，如给文字增加一个曲线调整图层压暗整体色调，再增加一个亮度/对比度调整图层，突出文字的效果。最后选中文字图层组，使用移动工具移动到画面的中心，再在文字的下方加入装饰文字即可完成本案例的制作。

　　扫描图11-40所示二维码，观看文字+液化案例的详细操作教学视频。

图11-40

案例3 文字 + 图形

　　使用文字结合图形可以打造出生动的海报效果。以图11-41所示的茶主题展览海报为例，海报中的文字利用了书法的"茶"字和茶叶图形进行结合，既凸显了茶所包含的文化内涵，又给画面增添了变化。

新建文档并输入文字

新建尺寸为21厘米×29.7厘米的文档。为了契合茶的主题，所以将背景设置为灰色。

使用文字工具输入"茶"字，将"茶"字的字体设置为手写书法字体，将其调整到画面的中心位置并复制文字图层。将原来的文字图层隐藏起来作为备份，再将复制出来的文字图层进行栅格化处理。

设置剪贴蒙版

使用移动工具将茶树林素材复制到海报中，使用自由变换功能，将其调整至合适的大小和位置。将茶树林素材图层放在"茶"字图层的上方，将其设置为剪贴蒙版。这个时候就可以看到"茶"字变成带有真实茶叶图案的文字，如图11-42所示。

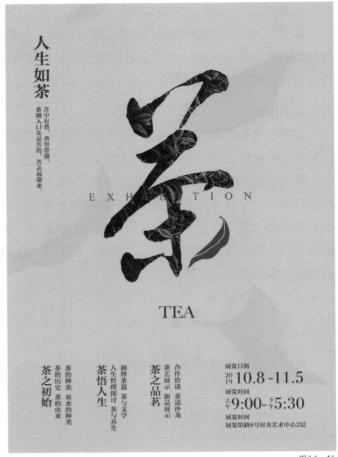

图11-41

与图形进行组合

为了增加"茶"字的厚重感，可以在"茶"字图层上增加曲线调整图层，增强对比。然后给"茶"字增加图形的点缀。使用移动工具将叶子素材移动复制到海报中，用这片叶子去代替"茶"字右下角的这一点。文字与图形结合后效果如图11-43所示。

增加其他文字信息并调整背景

将海报的其他文字信息添加进来，可使用移动工具将文字素材移动复制到海报中，并调整到合适的位置。

这时候整张海报的背景还略显单薄，因此需要将白色背景的叶子素材拖曳到画面中，调整好大小后，将其放到背景图层的上方，并将其图层混合模式更改为正片叠底。这样一个有质感的背景就完成了。

扫描图11-43所示二维码，观看文字＋图形案例的详细操作教学视频。

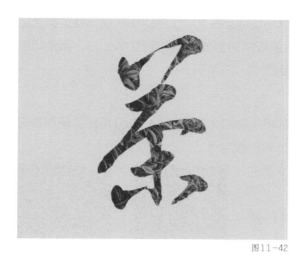

图11-42

图11-43

案例4 文字+蒙版

将人物穿插于文字之中，可以创造出立体感、空间感强烈的作品。下面将制作图11-44所示的案例，本案例中主要使用文字工具和图层蒙版功能。

输入文字

打开背景图片，使用文字工具逐个输入大写字母"K""E""E""P"。再给每一个字母图层添加图层蒙版，使用渐变工具，打造字母层叠的效果，如图11-45所示。

图11-44

图11-45

制作文字与人穿插的效果

使用文字工具，输入"RUNNING"，再利用蒙版做出人物腿部在文字上方的效果。给"RUNNING"图层增加图层蒙版，使用画笔工具，在蒙板上进行涂抹，用黑色画笔将人物的腿部部分涂抹出来。操作时可以放大图片，并随时切换画笔的颜色（黑色和白色），仔细调整腿部边缘细节。

图11-46

调整好腿部细节后，新建图层并使用画笔工具添加腿部在文字上的阴影，使穿插效果更逼真。用黑色画笔涂抹出阴影的范围后，通过剪贴蒙版将阴影部分调整到文字上方，调整阴影图层的不透明度，让阴影看起来更加自然，效果如图11-46所示。

增加圆形装饰

最后添加两个虚线的圆作为装饰，并使用蒙版将人物和文字遮挡圆的部分擦除，使圆看起来位于背景的上方、文字和人物的下方。这样整个案例就完成了。

扫描图11-47所示二维码，观看文字＋蒙版案例的详细操作教学视频。

至此，文字的综合应用已讲解完毕，扫描图11-48所示二维码，可观看教学视频，回顾本节学习内容。

图11-47　　　　　　　　图11-48

第5节　文字的综合案例

本节要讲解的是文字的综合案例，这个案例中几乎包含Photoshop所有常用的文字功能。通过制作这个案例，读者可以进一步熟悉文字工具的使用，案例的最终效果如图11-49所示。

新建文档

创建尺寸为21厘米×29.7厘米的文件。创建文档后新建蓝色图层作为海报的背景。

输入主体文字

使用文字工具，在海报中输入主文字"L""O""V""E"。设置好文字的字体、字号后，将其创建为一个图层组。通过自由变换功能将字母调整到合适的大小和位置。复制图层组，然后将原来的图层组隐藏起来备用。

调整笔画形状

将复制出来的图层组中的每一个字母图层转换为形状。使用直接选择工具，对字母的形状进行微调，调整后效果如图11-50所示 。

绘制立体形状

使用直线工具给字母"L"和"V"分别绘制立体效果。使用直线工具绘制斜线时，拉出斜线后，按住鼠标左键和Shift键继续绘制，就能绘制出45°斜线。字母"E"和字母"O"需要复制图层并移动图层位置来制作立体效果。最后还需要将字母"E"与复制出来的字母"E"图层用直线工具连接起来。立体效果绘制完成后画面如图11-51所示。

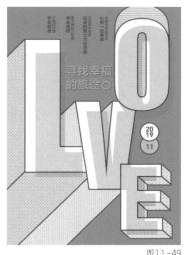

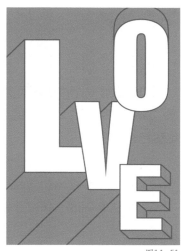

图11-49　　　　　　　　　　　图11-50　　　　　　　　　　　图11-51

填充颜色、叠加图形

在做出立体效果的位置填充颜色，并使用图层样式给其叠加图案，图案选择系统自带的图案即可。再调整图案的不透明度，调整后的效果如图11-52所示。

输入标题等文字

使用文字工具输入标题文字，调整标题文字的字体、字号和行距等。再置入讲座信息素材，使用文字工具和椭圆工具制作讲座日期的效果。此时整体画面效果如图11-53所示。

增加画面层次

为了增加画面的层次，可以再复制原字母图层组，将其调整到最顶层，然后将文字颜色调整为黄色，并将这个组的图层混合模式改变为正片叠底。完成效果如图11-49所示。

至此，文字综合案例的关键步骤就讲解完了。扫描图11-54所示二维码，即可观看教学视频，学习本案例详细操作步骤。

图11-52　　　　　　　　　　　图11-53　　　　　　　　　　图11-54

本章模拟题

1.多选题

如何做好一个广告单页的排版设计？（选两项）

A.在广告中，对文字的版式进行设计时，应考虑到字体、字号、色彩、字间距、行间距等设计常识

B.保证文字元素与其他设计元素（如线条、形状、纹理和图片）的独立性，互不干扰

C.选择能够突出广告商品特色的字体、颜色等

D.商店名称的字体设计要特别大，吸引观者注意力

提示 1.每个字体都有它自身的特征，用于表达特定的情感，建议在网上浏览各字体的说明，以更好地应用它们。

2.在字体版式设计中要多考虑以下要素：字号的规范、字体与字号的选择、正文的字体与字号、标题间的字体与字号、合适的文字行距。

3.文字通常要与页面中的其他元素相互关联，有关联的图文一定要"亲密"。

参考答案

本题正确答案为A、C。

2.匹配题

将下列设计原则与其正确描述进行匹配。

A.平衡　　　　　　　　　　　1.图像中的所有元素都是相互关联的

B.层次（对比）　　　　　　　2.图像中各种元素均衡分布

C.亲密性　　　　　　　　　　3.突出图形中的某些元素，体现元素间的组织和次序

D.一致性（和谐）　　　　　　4.调整元素间的距离，更好地展现元素间的关系

提示 1.一致性（和谐）是指图像中的所有元素在视觉上相互都有联系，如相近的配色、相近的形状、相近的其他特征，让各元素之间看起来统一、一致。

2.平衡是指在图像的构成上各种元素在视觉上达到均衡，尽量避免版面出现头重脚轻等严重失衡的情况。

3.层次（对比）是指重要的内容要突出，不重要的内容要弱化。实现层次的方法有多种，如大小对比、色彩对比等。

4.亲密性是指元素之间的距离，有关联的内容之间需要更近、更"亲密"；无关联的内容之间需要距离更远。

参考答案

本题正确答案为A-2、B-3、C-4、D-1。

3. 单选题

下面哪一个选项是格式塔心理学在设计中的正确描述？

A. 设计中每个独立的部分更为重要

B. 做好细节，整体自然呈现好的效果

C. 整体比部分优先，整体决定部分

D. 设计中所有元素都是不相关的

提示 1.格式塔心理学起源于德国，被广泛应用于政治、经济、文化等领域，对设计也有着重要的影响。格式塔心理学发现，人类的视觉是整体的，人类的视觉系统会自动构建结构，并在神经层面上感知形状、图形和物体。

2.格式塔心理学在设计中的4项基本法则是简单、相似、接近和闭合。

参考答案

本题正确答案为C。

4. 匹配题

将Photoshop中"字符"的有关名词与其正确的描述进行匹配。

A. 点   1.整个文字区块中所有字符之间的间距

B. 字距调整（字间距）   2.调整两个特定字符之间的间距，使它们看起来成自然的一对

C. 基线   3.字符的通用度量标准，从字型的最上缘量到最下缘，大小为一英寸的1/72

D. 字距微调   4.大多数文字都以一条看不见的线为基准进行对齐

提示 字符面板如图11-55所示。

A.字体系列：选择不同的中英文字体。

B. 字体大小：设置字符的大小，其单位通常为"点"，点的大小是一英寸的1/72。

C. 垂直缩放：改变文字的垂直比例。

D. 比例间距：一种设置文字间距的方式。

E. 字距调整：所选文字或相邻文字之间的距离调整。

F. 基线偏移："看不见的"文字对齐线，通过调整可以设置角标。

G. 语言：可以设置特定的语言。

H. 字型：通常用于英文字体，可以设置粗体、斜体等。

I. 行距：行与行之间的距离。

J. 水平缩放：改变文字的水平比例。

K. 字距微调：整段文字中所有字符之间的间距调整。

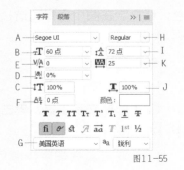

图11-55

参考答案

本题正确答案为A-3、B-1、C-4、D-2。

5.操作题

　　将文字图层的字间距调整为200，字符本身的宽度不要改变，如图11-56所示。

　　参考答案

　　（1）打开"图层"面板，选定"绽放"图层。

　　（2）打开"字符"面板。

　　（3）单击"字符间距"数值。

　　（4）设定字间距为200。

图11-56

6.操作题

　　将文字"春风吹又生"字体设置为微软雅黑，字号设置为18点，如图11-57所示。

　　参考答案

　　（1）选择文字工具。

　　（2）选中文字。

　　（3）调整字体、字号。

图11-57

7.操作题

　　使图中文字居中对齐，并吸取近处深色森林的颜色作为字体的颜色，让文字在图中更加和谐，如图11-58所示。

　　参考答案

　　（1）选择文字图层。

　　（2）选择文字工具，单击"居中对齐"按钮。

　　（3）双击属性栏字体颜色块，调出"颜色"面板，用吸管吸取字体颜色，单击"确定"按钮。

图11-58

8.操作题

请将下面三折页广告中中间的
文字改为右对齐，如图11-59所示。

参考答案

（1）选择文字图层。

（2）选择文字工具。

（3）选中所有文字。

（4）单击属性栏中"右对齐"
按钮。

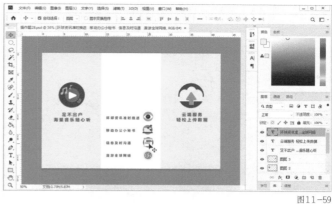

图11-59

9.操作题

请在图片底部输入一行说明文
字"图片来自网络"，并将字体设为
黑体，字号设为10点，如图11-60
所示。

参考答案

（1）选择文字工具，并设置字
体、字号。

（2）在图片底部单击。

（3）输入说明文字。

图11-60

作业：旅游Banner设计

提供的素材

完成范例

　　使用提供的素材完成旅游Banner设计设计。

核心知识点：文字工具的使用、文字的变形、文字与图形的结合、文字的段落设置，图文排版等

尺寸 1065像素X390像素

背景颜色 素材背景

颜色模式 RGB色彩模式

分辨率 72ppi

作业要求

（1）使用提供的背景素材设计一个旅游Banner，背景必须使用提供的素材。

（2）作业需要符合尺寸、颜色模式、分辨率等要求。

（3）Banner文案内容自定，可使用范本的文案，文案必须包含主标题和一段说明文字。

（4）图文排版整洁美观，主题突出明确。

第 **12** 课

数字绘画入门

互联网的蓬勃发展，使得用户对互联网产品视觉设计的要求越来越高。为了更好地吸引用户，将数字绘画运用到产品中无疑是一个很好的选择，它既能增添产品的趣味性，使得页面不再单调乏味，又能增加视觉冲击力。

本课是数字绘画的入门课，通过对造型、色彩、构图、透视、光影、肌理知识的讲解，让读者了解绘画的基础知识，再结合案例让读者掌握Photoshop的绘画技法。

第1节 认识数字绘画

　　插画可以作为文字内容的补充说明，也可以作为艺术作品，通过手绘、鼠绘和数位板绘等形式都能绘制插画，不同风格的插画如图12-1所示。插画涉及的领域很广，与插画相关的工作可以分为传统印刷出版类和互联网视觉类。传统印刷出版类有儿童插画、原创插画、同人插画、招贴海报、宣传单、杂志和图书内文的插画、封面设计、产品包装等。

　　因为互联网行业日渐成熟，用户对于视觉的要求也越来越高，插画的表现形式也比较容易让人接受，所以插画被广泛应用在互联网产品中。互联网视觉类插画自成门类，主要包括插画风格的图标、App的开屏界面、内容缺省页，以及H5小游戏、活动页、运营Banner、品牌形象和表情包等。种类繁多的设计工作内容客观地对设计师提出了更高的要求，要求设计师会设计的同时，还需要其具有手绘能力。

图12-1

　　学习Photoshop的绘画功能后，就可以尝试创作插画作品了。用Photoshop绘制插画，可以方便地调整画面元素的大小、形状、色彩、光影，完美控制画面的每一个细节。用Photoshop绘制作品便于保存和分享，还可以输出各种格式的文件，足以应对不同的工作需求。Photoshop的笔刷功能非常强大，可以模拟很多绘画种类，如油画、水彩、粉笔画等，对于没有使用过软件画画的新手来说，也是非常容易上手的。

第2节　数字绘画的基础知识

　　数字绘画的基础知识主要从造型、色彩、构图、透视、光影、肌理这6个方面来进行讲解。

知识点 1　造型

　　造型是绘画中的基础。以画人像为例，通常人们说把人物画得很像，其实是指画面抓住了属于这个人物的独有特征。在学习插画绘制的初期，可以通过多看高质量的插画作品，并临摹自己喜欢的插画作品来提升自己的造型能力，如图12-2所示。

图12-2

在临摹插画的同时，还需要学习优秀作品中的构图和色彩搭配，并且要逐渐尝试去改变，从原来100%地临摹到逐渐加入自己喜欢的色彩、元素和造型，逐渐找到属于自己的风格。平时不仅要多练习画画，还需要收集和整理属于自己的素材库，学习更多表现的形式，如图12-3所示。同一个物体从不同的角度去看，它的表现形式是不同的。

图12-3

了解了如何训练造型能力以后，可以给自己准备一个小本子和一支笔，用简单的线条来记录生活中发生的一切，然后逐渐加入主题，有目的性地去练习一些绘画作品，试着去发散思维、构造联想，如图12-4所示。

在绘画初期不需要给自己设定太多的条件，因为想要画得好，需要大量时间的投入，所以可以先从自己感兴趣的事物入手，每天坚持不懈地练习。坚持练习，造型能力才会变得越来越强。

图12-4

图12-4（续）

知识点 2　色彩

下面将讲解三原色、色彩三要素和色彩搭配的相关知识。

色彩三原色

在绘画中，品红、黄色和青色被称为三原色，因为它们不能由其他颜色混合产生，而其他颜色可以使用这三种颜色，按照一定的比例混合而成，如图12-5所示。

色彩三要素

色彩三要素包括色相、饱和度和明度。色相可以简单理解为颜色的相貌，如红色、蓝色、绿色、紫色等。饱和度是指颜色的鲜艳程度。明度是指颜色的明暗程度。

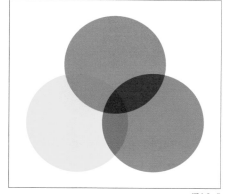

图12-5

色彩搭配基础知识

　　单色搭配： 使用一个颜色，通过改变其饱和度或明度来调节颜色，使它在同一颜色中也能产生不同的变化。它的优点是不容易出错，缺点是比较单调，如图12-6所示。在学习颜色搭配的初期，可以从单色搭配开始尝试，然后逐渐加入更多的颜色。

　　相似色搭配： 使用彼此相邻的两三种颜色来搭配使用，如图12-7所示，如红色和橙色、蓝色和绿色等。

　　互补色搭配： 使用彼此相对的颜色进行搭配使用，如图12-8所示，如蓝色和橙色、红色和绿色等。它的优点是会使画面比较丰富多彩，缺点是比较难搭配。

　　分裂互补色搭配： 使用相对颜色的两侧颜色进行搭配。使用的颜色在色轮上形成等腰三角形，如图12-9所示。如红色相对的颜色是绿色，不使用绿色进行搭配，而使用绿色左右两边的颜色来跟红色进行搭配。这种搭配方式比互补色搭配的难度要降低一些。

三元色搭配： 采用3种均匀分布的颜色进行搭配，使用的颜色在色轮上构成一个等边三角形，如图12-10所示。

四元色搭配： 使用的颜色在色轮上形成一个矩形，可以将其中一个颜色作为主色，其余的颜色作为辅色，如图12-11所示。

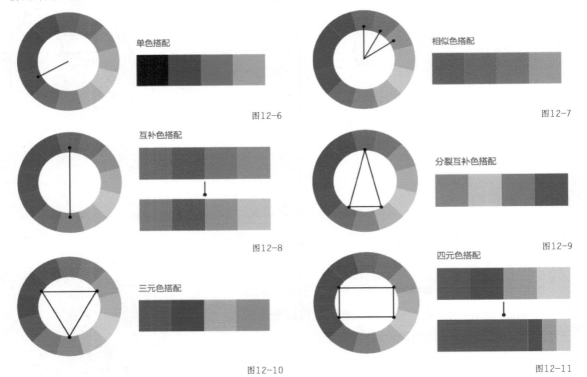

图12-6

图12-7

图12-8

图12-9

图12-10

图12-11

学习色彩的基础搭配知识后，还可以通过网上的一些辅助手段来为色彩搭配提供参考。如在花瓣网上搜索"配色"，网站将会罗列出很多配色图片，图12-12所示都是通过图片来提取的配色。把这些图片收集起来，在绘制插画的时候可以将其作为颜色参考。

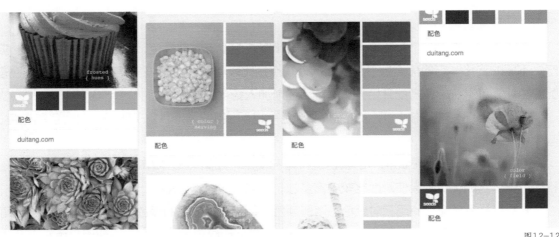

图12-12

追波网是UI设计师经常使用的网站，网站上主要发布界面作品、图标作品等，同时也会有一些很好的插画作品。在网站上打开一幅插画作品，网页下方就会罗列出这幅作品使用的颜色，给网站用户提供参考，如图12-13所示。单击颜色，网站还会罗列出网站中所有使用这个颜色的其他作品，如图12-14所示。这是另一个学习色彩比较方便的途径。

图12-13

图12-14

知识点 3 构图

构图是指绘画时根据题材和主题思想，将要表现的形象进行合理布局，构成一个完整的画面。构图的作用是指通过构图让画面有整体感和平衡感，使画面饱满，各元素间能够起到相互呼应的作用。

常见的构图形式有横分式构图和竖分式构图，它将画面上下或左右分为2:1的比例，一部分是画面的主体，另一部分则是画面的陪衬，如图12-15所示。

图12-15

九宫格式构图，是指将画面横向和纵向等分为三行和三列，将主体放在交叉点上，如图12-16所示。交叉点是画面中最佳的位置，符合人们的视觉习惯。

三分式构图，是将画面分为三等份，每一份都是画面中的主体，它比较适合元素较多的画面，如图12-17所示。三分式构图比较简单，能够让画面非常饱满。

对角式构图，是指画面的左上、右下或右上、左下形成一个对角线，它能够起到引导观众视线的作用，如图12-18所示。这种构图形式会使画面比较均衡、舒适。

图12-16　　　　　　　　　　　　图12-17　　　　　　　　　　　　图12-18

S形构图，是指画面的元素呈S形摆放。这种构图方式比较自由，会让画面看起来很生动，如图12-19所示。

斜三角式构图，是指画面上有3个视觉中心点，将这3个视觉中心点相连接，会形成一个斜三角形。这种构图形式会使画面丰富、生动，如图12-20所示。

对称式构图比较平衡，能使画面看起来很稳定，如图12-21所示。这种构图形式适合用于主体物不需要特别突出的作品上。

图12-19　　　　　　　　　　　　　　　　图12-20　　　　　　　　　　　　　　　　图12-21

知识点4 透视

透视是指在平面上描绘物体的空间关系。

一点透视是指由于物体近大远小，物体的延长线最终会消失在一个点上，如图12-22所示。

两点透视是指由于物体近大远小，物体的延长线最终会消失在两个点上，如图12-23所示。两点透视不仅要考虑物体的近大远小，还需要考虑物体左右距离的关系。

图12-22　　　　　　　　　　　　　　　　　　　　　　　　　　　　　　图12-23

三点透视是指物体的延长线最终会消失在3个点上，如图12-24所示。三点透视不仅要考虑物体的远近关系、左右关系，还需要考虑上下关系。三点透视对造型能力要求特别高，它比较适合在大场景或沉浸感特别强的画面上使用。

　　无透视是指在画面中透视关系不明显，如图12-25所示。这种透视方式在互联网插画中经常使用。

图12-24

图12-25

　　颜色透视是指通过颜色来营造透视的关系，如图12-26所示。一般来说，近处颜色深、远处颜色浅，近处细节多，远处细节少。

　　视平线是指人眼平视时视线所在的线，而地平线是指地面和天空相交的那条线。视平线和地平线不是同一条线，只是在绘画作品中经常会将视平线和地平线重叠在一起来使用，如图12-27所示。

图12-26

图12-27

真实与外观，是指绘画当中要表现的物体与真实的物体之间的差别，如图12-28所示。因为同一物体在不同角度下，它的形态是不一样的，所以在绘画时不要遵循固定思维，要尝试着从不同的角度去想象。

隐形透视是指物体在不同距离上的模糊程度，如图12-29所示。绘画理论中常说的"近实远虚"就可以理解为隐形透视。

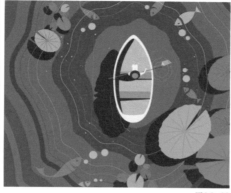

图12-28

图12-29

知识点5 光影

光影的产生需要有发光的物体，通俗来讲，就是光照在一个物体上，就会形成光影，如图12-30所示。发光的物体无处不在，如夜空里的星星、蜡烛、电灯等。此外，光还有明度、方向、冷暖之分。

光的反射让人看到物体的具体形象，辨别事物，其中不同材质、尺寸的物体，反射出的形象也是不同的。

图12-30

光影的基本原理

物体在光线的照射下会产生立体感，形成"三大面""五大调"，如图12-31所示。"三大面"是指黑、白、灰。黑指的是物体的背光部分，白指的是物体的受光部分，灰指的是物体的侧光部分。"五大调"是指高光（最亮的部分）、明部（高光以外的受光部分）、明暗交界线、暗部（包括反光）和投影。

光影的特性

　　光影的第1个特性是反射，也被称为反光。反光通常发生在表面光滑的物体上，如小朋友吹的泡泡会反射出周围环境的颜色，如图12-32所示。

　　光影的第2个特性是折射。折射通常发生在液体的表面，如将一根筷子插入到玻璃水杯当中就会产生折射。液体不同，折射的效果也会不同。雨后的彩虹也是光线折射产生的效果，如图12-33所示。

　　光影的第3个特性是投影。投影是体现物体真实性，营造逼真空间，突出主题形象的有效手段，如图12-34所示。需要注意的是，离物体近的投影实、颜色重、边缘清晰；离物体远的投影虚、颜色浅、边缘模糊。

　　了解光影的特性对深入刻画物体细节是很有好处的。在日常生活中，要养成观察光影、观察身边事物的好习惯。

图12-31

图12-32

图12-33

图12-34

绘画在光影中的运用

　　在绘画中，首先要拟定光源的方向，因为光源方向不同，营造出来的受光面和背光面是不一样的。另外，产生光影的时间不一样，光影的颜色也会不同，如清晨和午后的太阳照射在物体上所产生的颜色是不同的，如图12-35所示。这需要经常观察生活中光影投射在真实物体上的颜色情况，以及多看优秀插画作品如何将光影运用在绘画中。

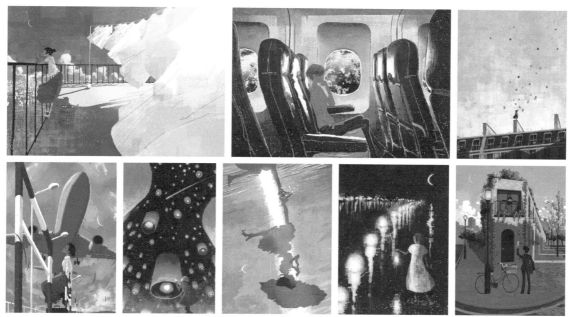

图12-35

知识点6 肌理

手绘中主要通过不同的物质、材料、工具，以及表现技巧来营造不同的肌理效果，如油画的肌理、水彩的肌理、岩彩画的肌理和版画的肌理都有不同的特点，如图12-36所示。油画通过颜料的堆叠形成肌理效果；水彩通过水和颜色的调和形成颜色之间特有的融合效果；岩彩画通过颜料和其他的辅助材料来丰富画面；版画通过雕刻的手法来体现不同的雕刻纹理。

图12-36

学习数字绘画之前，可以收集一些不同的纸张纹理，如牛皮纸纹、水彩纸纹、网点纹理等，如图12-37所示，使用软件的混合叠加功能，利用这些素材来营造不同的肌理效果。也可以通过Photoshop中自带的纹理画笔来模拟真实绘画中的效果，如图12-38所示。至此，认识数字绘画已讲解完毕。扫描图12-38二维码，可观看教学视频，回顾本节学习内容。

图12-37

图12-38

第3节 数字绘画的工具

本节主要讲解Photoshop中画笔的使用和设置方法，以及通过两个实例让读者掌握插画绘制的技巧。

知识点 1 绘画前的准备工作

在开始绘画前需要做一些准备工作，首先是安装数位板的驱动。根据数位板的品牌、型号，以及电脑使用的操作系统，可以到官方网站上下载最新版本的驱动程序，如图12-39所示。安装好驱动程序后，在Photoshop中进行测试，检查画笔是否有压感。

图12-39

在Photoshop中选择画笔工具，在画布空白的地方进行绘制。如果绘制的线条会根据使用画笔的力度来改变粗细，那么就说明驱动安装成功了，画笔是有压感的。在数位板上使用画笔的力气越大，绘制的线条就越粗，使用的力气越小，绘制的线条就越细。如果绘制的线条粗细是均匀的，那么说明驱动可能没有安装成功，需要检查当前使用的驱动程序是否是最新版本。如果是旧版本，则需要更新。

另外，需要检查Photoshop上的压力按钮是否开启，如图12-40所示。如果压力按钮没有开启，绘制的线条粗细也没有变化。

图12-40

还需要检查"画笔设置"面板中"形状动态"选项里，"钢笔压力"旁边是否有叹号图标，如图12-41所示。如果出现该图标，说明数位板的驱动程序没有在Photoshop中使用成功。这时有两个方法可以解决：一是启动压力按钮，画笔也会有压感，不会受叹号图标的影响；二是要完全解决叹号图标的问题，即需要对电脑进行一些设置。以苹果笔记本为例，如图12-42所示，打开"系统偏好设置"中的"安全性与隐私点"，单击锁按钮进行更改，输入密码。解锁后选择"辅助功能"，单击"添加"按钮，将数位板相应的程序全部添加上，还需要把Photoshop 添加进来。选择"完全磁盘访问权限"，同样将数位板的程序全部添加上，然后重新启动Photoshop。

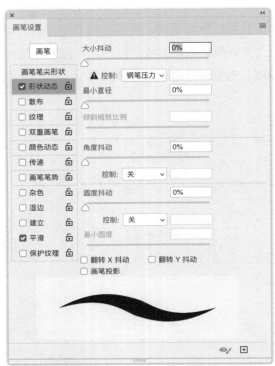

图12-41

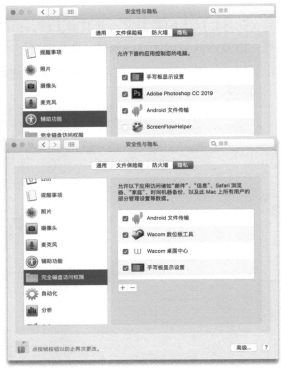

图12-42

知识点 2 画笔工具的设置

用Photoshop进行绘画，主要用到的是画笔工具和橡皮擦工具，它们都在工具箱中，如图12-43所示。画笔工具的快捷键是B，橡皮擦工具的快捷键是E。在绘画的过程中需要频繁地切换这两个工具，熟记快捷键能够提高效率。

选择画笔工具，在属性栏上单击"画笔预设"旁的三角按钮，选择"硬边圆"笔刷，如图12-44所示。在空白画布上进行绘制，可以得到一条边缘锐利的线条，按中括号键可以快速调整画笔的大小，如图12-45所示。

在"画笔预设"弹出的下拉菜单中还可以调节画笔的硬度。当画笔硬度为100%时，线条边缘是硬边；当画笔硬度为0%时，线条边缘是虚边，如图12-46所示。在绘画过程中，还需要经常调节画笔的不透明度，可以用键盘上的数字键来进行调整。当按下数字5时，不透明度会变为50%。控制流量的快捷键是Shift+数字键。

图12-43

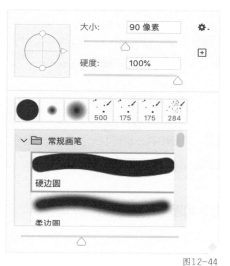

图12-44

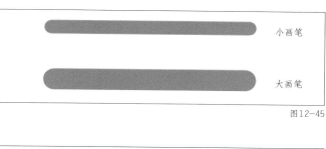

图12-45

图12-46

下面通过一个案例来演示调整画笔大小的方法，以及练习线条和造型的绘制。

案例1

第1遍勾线

在纸上绘制好的线稿，可以通过扫描或手机拍照的形式将其变成电子稿，然后上传到电脑中，如图12-47所示。将前景色设置为黑色，选择画笔工具，将笔刷设置为"硬边圆"，硬度设置为100%，大小设置为6像素或8像素，沿着线稿的轮廓进行勾勒。眼睛的部分先涂一个黑点，再用橡皮擦工具把眼睛高亮的地方擦出来，如图12-48所示。

在勾勒线条时尽量一气呵成，如果没有办法做到，也可以在图形平滑的地方接着画下一笔。要注意，笔画之间尽量要连接成流畅的线条，不要出现断线的地方。

图12-47

图12-48

提示 **旋转视图工具**

初期使用数位板会不太顺手，可以借助旋转视图工具，其快捷键是R。使用该工具可以旋转画布，找出顺手的角度来绘制线条。如果要把画布变为正向，可以单击属性栏上的"复位视图"按钮。

在画面右下角补充辅助元素

第1遍勾线工作完成以后，检查画面是否有遗漏的地方。本例中，画面右下角有一些空缺，显得画面的完整度不够高，需要补充一些辅助元素，如图12-49所示。

添加黑色块，让画面更紧凑

勾完黑线以后，在主体与主体之间空白的地方涂上黑色，如图12-50所示。

图12-49

图12-50

第2遍勾线

将主体的外轮廓和叶子再勾一遍粗线，使线条有对比效果，从而突出主体，如图12-51所示。

添加文字

将整体画面往上移，使用文字工具在空白画布上单击，输入英文，字体选择手写字体，文字大小设置为150点，如图12-52所示。

扫描图12-52所示二维码，可观看本案例的教学视频。

图12-51

图12-52

掌握画笔的基础操作后，接下来要讲解的是画笔参数的详细设置，包括画笔笔尖形状、形状动态、散布和纹理。

画笔笔尖形状

选择画笔工具，打开"画笔设置"面板，默认情况下打开该面板会显示画笔笔尖形状，如图12-53所示。 在该面板中可以选择笔刷，设置画笔大小和硬度等。"角度"是指椭圆的倾斜角度，"圆度"即笔尖的形状，默认情况下是100%。在空白的画布中单击鼠标左键，画布中会出现一个圆点，此时改变画笔的角度，笔尖没有任何变化，如图12-54所示。把"圆度"改为50%，"角度"改为60°，单击画布就可以看到笔尖的变化了，如图12-55所示。

"间距"是指每两个圆点的圆心距离，间距越大，圆点之间的距离也越大。在"画笔设置"面板的预览窗口中看到的画笔预览效果是连续的线条，其实Photoshop中的画笔画出的线条是由许多小圆组成的一条线，将间距调大就可以看到图12-56所示的效果。

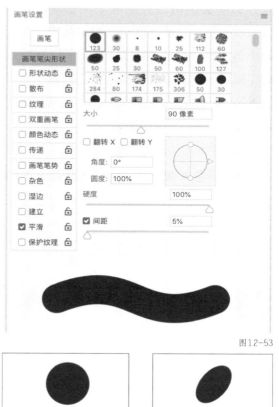

图12-53

图12-54

图12-55

图12-56

形状动态

这里主要讲解大小抖动、角度抖动、圆度抖动，以及大小抖动中"控制"下拉列表里的"渐隐"选项，如图12-57所示。

如果间距参数在10%以下，形状动态的大小抖动、角度抖动和圆度抖动效果不明显。设置画笔大小为20像素，间距为120%，大小抖动为65%，在画布上绘制可以看到笔刷的直径、大小会无规律地变化，如图12-58所示。

选择"控制"下拉列表中的"渐隐"选项，可以绘制出一头粗、一头尖的效果。修改旁边的数值可以控制画笔的长度，如图12-59所示。"最小直径"控制渐隐消失的最小值，当前最小直径是0%，所以在绘制时，尾部会逐渐变尖直至消失。将最小直径设置为20%，笔画尾部变为20%的粗细且不会消失，如图12-60所示。

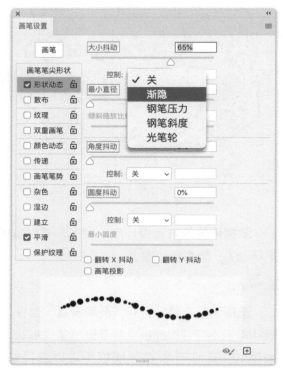

图12-57

图12-58

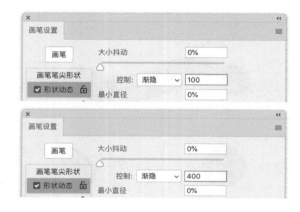

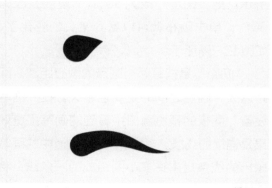

图12-59

图12-60

当笔尖为椭圆形，笔尖间距较大。设置"角度抖动"的参数可以让椭圆形笔刷在绘制过程中不规则地改变角度，如图12-61所示。

当笔尖为圆形，笔尖间距较大。设置"圆度抖动"的参数在画布中进行绘制，笔尖圆度会产生不规则的改变，如图12-62所示。

图12-61

图12-62

散布

在使用常规笔刷的情况下，一般不勾选"散布"一栏。选择特殊效果的画笔，如"喷溅"，"画笔设置"面板中"散布"一栏是勾选状态，在预览窗口中可以看到画笔呈分散状，如图12-63所示。

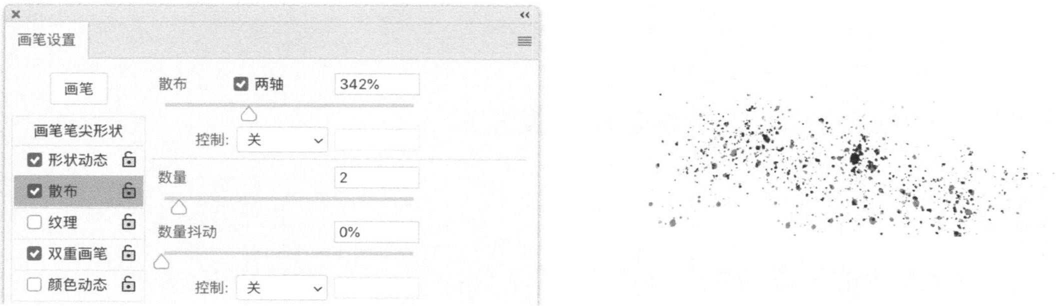

图12-63

选择一个常规画笔，勾选"散布"一栏，把笔尖形状的间距拉大，设置"散布"的参数，在画布中进行绘制，可以看到圆点之间是上下起伏的，并且圆点之间的间距是固定的，如图12-64所示。如果勾选"两轴"选项，在画布中进行绘制，可以看到圆点上下起伏，并且圆点之间的间距不相等，如图12-65所示。这就是"两轴"选项是否勾选所产生的区别。

图12-64

图12-65

纹理

　　勾选"纹理"一栏,在"图案"下拉列表中可以选择不同的图案,调整"缩放"的数值可以调整图案的大小。数值越大,图案也就越大。"纹理"默认的"模式"是"高度"。将"模式"改变为"减去",在画布上进行绘制,就可以看到画笔叠加纹理的效果,如图12-66所示。"深度"决定颜色深入纹理中的程度,数值越大,纹理则越明显。

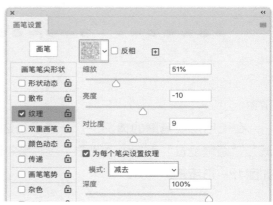

图12-66

　　下面通过一个案例来帮助读者熟练画笔的设置方法。

案例2

调整线稿

　　因为纸张和灯光的关系,用手机拍摄的线稿会比较暗,此时可以通过添加色阶调整图层来处理,处理后效果如图12-67所示。线稿调整好以后,合并背景图层和色阶调整图层,将前景色设置为白色,用画笔工具把脏的地方涂抹一下,这样线稿就处理好了,如图12-68所示。

图12-67

图12-68

铺大色块

新建图层并将其置于线稿图层的下方，设置线稿图层的图层混合模式为"正片叠底"并锁定图层，这样在绘制的过程中不会误操作到线稿图上。

用偏红的肉色涂画人物的皮肤，用红棕色涂画人物的头发，用黄色涂画衣服，用橡皮擦工具在衣服上单击，留下一个小圆点作为衣服上的小花边，如图12-69所示。

在绘制靠近边缘的地方要一气呵成，让边缘的形状看起来更圆滑。在修改时隐藏线稿图层，这样可以更容易看出哪些地方不够完善。

图12-69

绘制五官

用深棕色绘制人物的眉毛、眼睫毛和眼珠，用白色绘制眼睛高亮的地方和眼白，用红色绘制人物的嘴唇。

将画笔选择为"干介质画笔-终极粉彩派对"笔刷，将颜色设置为偏深的肉色，以点按的方式绘制人物的腮红，这样看起来纹理会比较明显，画面能富有童趣。然后用偏红一点的颜色涂画第2层，用白色点按两次作为第3层。这样腮红的颜色看起来会更加富有细节。

接着，用比脸部深一点的肉色来绘制人物的鼻子，用浅一些的肉色来给鼻子画一道高光，如图12-70所示。

提示 **分层绘制和分类编组**

在为线稿上色时，最好把不同颜色放在不同的图层中，便于修改。当图层过多时，可以将元素分类编组，如五官组、装饰组、杂色组等，便于图层管理。

图12-70

绘制辅助元素

用绿色绘制叶子，用稍微深一点的绿色勾勒叶子的线条。将画笔设置为"干介质画笔-终极粉彩派对"笔刷，绘制人物头部的装饰。用红色绘制人物头部的小花，用黄色绘制花心，用绿色绘制叶子，用深绿色勾勒叶脉，如图12-71所示。

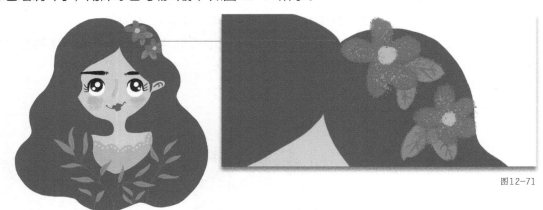

图12-71

添加衣服和头发的纹理

选择画笔工具，设置笔刷为"硬边圆"，勾选"纹理"，选择"洋基画布"图案，将"模式"改为"减去"，用点按的方式为衣服增添纹理，如图12-72所示。

设置笔刷为"额外厚实炭笔"，设置不透明度为64%，设置前景色为比头发略深的红棕色，涂画脖子两旁的头发。选择橡皮擦工具，降低其不透明度，将头发到脖子的边缘稍微擦除一些，让浅色和深色过渡自然。选择"硬边圆"笔刷，勾选"纹理"，选择"羊皮纸"图案，调整缩放，将"模式"改为"减去"，用点按的形式为头发添加纹理。再用浅一些的红棕色涂抹头发，并添加一些杂色。用略深的肉色为人物添加阴影，如图12-73所示。

图12-72

图12-73

绘制背景、添加文字

用黄色涂抹背景，分别用浅黄色和深黄色为背景增添杂色，如图12-74所示。

用钢笔工具在人物右上角绘制一条曲线，再用文字工具单击路径，输入英文，调整文字大小，选择手写体的英文字体。用裁切工具将画面上下两边多余的地方裁剪掉，调整画面的构图。选择"喷溅"笔刷，颜色设置为白色，用点按的方法添加一些小白点丰富画面的细节，如图12-75所示。扫描图12-75所示二维码，可观看本案例的教学视频。

图12-74

图12-75

第4节 数字绘画案例

本节将通过两个案例为读者讲解数字绘画的标准流程，主要包括确定主题、通过关键词搜索图片寻找灵感、确定构图方式、绘制场景、填充颜色、添加杂色等。本节课还将讲解通过图片辅助绘制插画的方法，可以帮助造型能力不强的初学者掌握构图方法和技巧。

案例1 静谧的夜晚

本案例将绘制一个夜晚的场景，主要运用颜色透视的方法打造画面的空间感，使用杂色增加画面的细节和质感。

铺大色块

新建尺寸为3508像素×2480像素，分辨率为300ppi的画布。使用移动工具将建筑图片拖入画布中，调整图片大小，降低图片的不透明度，直到隐约能看到图片的内容后锁定图层。

用几种不同深浅的蓝色为建筑铺大色块，再使用矩形选框工具修补建筑边缘，使边缘垂直。为背景图层填充浅蓝色，铺好大色块后效果如图12-76所示。

绘制窗户和楼梯

把楼梯图层放在所有图层的最上方，用矩形选框工具绘制矩形并填充颜色，再用自由变换功能来调整图形的大小。楼梯的另一个面需要用多边形套索工具勾勒并填充颜色，按照此方法完成楼梯的绘制，然后进行编组，如图12-77所示。

绘制窗户的方法与绘制楼梯的方法差不多，需要借助矩形选框工具让图形边缘整齐，窗户使用中黄色来绘制，绘制效果如图12-78所示。

提示 **绘画的辅助工具**

图片右侧的元素比较多，需要归纳，可以用几棵树来丰富画面。在绘制建筑的时候，可以使用矩形选框工具和多边形套索工具作为辅助，这些工具既可以让形状的边缘比较整齐，还能起到归纳图形的作用。

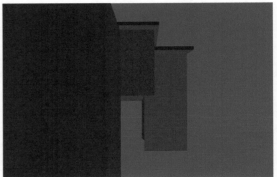

图12-76

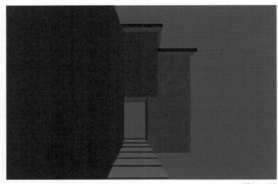

图12-77

图12-78

绘制窗户内的小场景

在设置窗户内细节的颜色时，可以用吸管工具吸取原有的颜色，然后在该色域附近选择比它亮的颜色来绘制，如图12-79所示。

图12-79

绘制植物

　　用深蓝色绘制建筑旁的大树和叶子。将叶子素材拖入当前绘制的文件中，将它放在图层的最上方，调整其大小，用画笔工具沿着叶子的外形进行绘制。通过复制叶子图层，使用自由变换功能调整叶子大小和角度，并填充新颜色，然后完成其他叶子的绘制，效果如图12-80所示。

图12-80

绘制白云

　　设置前景色为白色，用多边形套索工具勾勒白云的形状，用油漆桶工具填充选区绘制出白云图层，调整其混合模式为"溶解"，降低其不透明度。用吸管工具吸取天空的颜色，再使用画笔工具，降低画笔的不透明度，将硬度设置为0%。在云朵的左侧稍微涂抹，使白云的颜色逐渐减弱，如图12-81所示。

添加杂色，丰富画面

　　为建筑暗部添加杂色时，可以用吸管工具吸取原有的颜色，然后在该色域附近选取深一点的颜色来作为暗部的杂色。因为有灯光，所以在靠近灯光的地方添加一些暖色的杂点。选择"喷溅"笔刷，在建筑物的下方进行绘制，越靠上杂点就越稀疏，越靠下杂点越密集。最后为天空添加一些小圆点作为夜空中的繁星，本案例最终效果如图12-82所示。扫描图12-83所示二维码，可观看本案例的教学视频。

图12-83

图12-81　　　　　　　　　　　　　　　　　　　　　图12-82

案例 2 夏日主题启动页

本案例绘制的是App的开屏界面，界面的主题是二十四节气中的小暑。小暑属于夏日主题，由此可以联想到很多关键词，如沙滩、海浪、椰子树、游泳池、清凉的饮料等。但本案例想要表现一个悠闲、清凉，又有些安静的夏日主题，所以拟定的关键词是荷花、荷叶与小船。确定关键词后，可以在网上搜索图片来寻找灵感。

图12-84所示是在网上搜索的一些图片，需要用到案例中。本案例采用对角式构图，这种构图比较简单，容易上手。

图12-84

通过图片辅助造型

新建尺寸为1242像素×2208像素，分辨率为72ppi的画布。把图片拖曳到画布中，通过自由变换功能调整图片的大小和位置。为图片添加图层蒙版，设置前景色为黑色，用画笔工具将图片中不需要的地方擦除，如图12-85所示。

本案例使用的造型方法比较适合造型能力还不是很强的初学者。如果读者有一定的造型能力，可以直接在纸上把自己想要表达的物体绘制出来，然后通过扫描或用手机拍照的方式生成电子稿，再拖入Photoshop绘制。

用钢笔工具勾勒画面元素并填充颜色

选择钢笔工具，在属性栏上选择"形状"，这样可以对绘制好的图形进行灵活的编辑。在勾勒形状的时候，可

图12-85

以不用严丝合缝，形状大致接近画面中的元素即可。将图形勾好以后，可以使用不同的颜色来区分图形。

人物图片主要参考手部动作，需要对人物的穿着做一些改变，可以添加草帽和裙子，这样更符合夏日的主题。填充绿色背景，为小船添加投影，绘制完成后效果如图12-86所示。

调整画面元素

根据图片勾勒的荷叶比较多，而且大小差异并不是太大，这样会使画面显得有一些凌乱，所以需要对荷叶进行删减，以及使用自由变换功能调整其大小和位置。接着，调整小鱼的数量和位置，将小船的位置往左下方移动。然后，重新调整元素的颜色，拟定光源方向为右上角，并为背景填充渐变，效果如图12-87所示。

添加杂色

选择吸管工具吸取图形颜色，单击前景色，调出拾色器面板，选择比图形稍微深一点的颜色。用路径选择工具选择图形，按Ctrl+回车键载入选区。新建图层，选择画笔工具，使用"干介质画笔–额外厚实炭笔"笔刷来添加杂色。其他图形的杂色都用此方法添加，添加杂色后的效果如图12-88所示。

图12-86

图12-87

添加画面细节和光影

　　用浅绿色为荷叶绘制叶脉，用深粉色为荷花绘制花脉，用深绿色在荷叶中心和背光面涂抹，让荷叶的颜色看起来更丰富。最后添加白色杂点，输入这幅作品的主题文字，案例最终效果如图12-89所示。扫描图12-90所示二维码，可观看本案例的教学视频。

图12-90

图12-88

图12-89

　　至此，数字绘画案例已讲解完毕。扫描图12-91所示二维码，可观看教学视频，回顾本节学习内容。

图12-91

本章模拟题

1.连线题

将下图中绘图工具的图标与其功能进行匹配

A."油漆桶"工具

B.混合器画笔工具

C.历史记录艺术画笔工具

D.画笔工具

E.铅笔工具

F.历史记录画笔工具

1.设置描绘的线条和笔墨并使用所选颜色

2.使用所选上一状态或快照中的数据进行绘画

3.使用所选历史记录状态或快照中的数据，以风格化笔触进行绘画

4.模拟写实绘画技巧，如使用混合画布颜色和多重画笔湿度

5.绘制边缘锐利的线条和无法被柔化的笔画

6.使用当前的前景颜色，填充画布上的连续封闭区域

参考答案

本题的正确答案为A-6、B-4、C-3、D-1、E-5、F-2。

2.单选题

如果想在Photoshop中使用边缘柔和的画笔，应如何设置？

A.在定义画笔预设时，将画笔样本"硬度"选项设置为0%

B.在定义画笔预设时，将画笔样本"硬度"选项设置为100%

C.在定义画笔预设时，将"羽化"选项设置为10像素

D.在定义画笔预设时，将"画笔大小"选项设置为0像素

参考答案

本题正确答案为A。

提示 画笔边缘的效果与画笔的硬度有关。设置画笔参数时，画笔硬度越大，画笔边缘越锐利；画笔硬度越小，画笔边缘越柔和。

作业：App启动页

　　这款App产品主要针对UI设计师，提供与UI相关的教程和文章，以及优秀作品欣赏。

核心知识点 画笔工具、橡皮擦工具、图形工具的使用

尺寸 1242像素×2208像素

颜色模式 RGB色彩模式

分辨率 72ppi

作业要求

（1）传递品牌信息。

（2）减少用户的等待时间感。

（3）能在特别的时刻与用户产生情感共鸣。

完成范例

第 **13** 课

Web设计入门

本课首先讲解Web设计工作流程，以及Photoshop在Web设计中的作用，让读者认识Web行业；接着从尺寸与分辨率、文字规范、图片的选择和处理、栅格、切图等方面讲解Web设计规范，帮助读者完成合格的作品。在理论讲解之后，本课将带领读者完成一个Web设计作品，在实践中熟悉Web设计规范和图片处理、创建文字、设置图层样式等操作技巧。最后，本课还将讲解Web设计中的App界面、Banner、详情页等拓展知识，帮助读者将Web设计知识融会贯通。

第1节 Web行业知识

使用Photoshop可以完成互联网设计中的很多工作，如网页设计、App设计等。在使用Photoshop完成这些工作之前，首先需要了解工作的规范和流程，了解这些知识可以让工作事半功倍。这一节先来讲解一些Web行业知识。

知识点 1 Web 工作流程

在实际工作中，Web设计不是一个孤立的工作，它需要多方面的配合。因此，在进行设计之前，设计师需要了解产品的定位、用户的需求等，不能盲目地去做设计，还要多与产品经理和开发人员等沟通。

Web工作流程包括产品分析、原型设计、网页设计、前端后端和产品上线5个环节，如图13-1所示。对设计师而言，虽然主要负责的只是其中一个环节，但是也需要了解每一个环节所代表的意义，才能更好地融入团队协作之中。

图13-1

产品分析

产品分析包括产品适用人群的需求分析、产品的易用性和可用性分析、用户的使用行为分析等。这个阶段将确定产品的定位、目标受众等。

原型设计

产品分析完成得到需求文档以后就进入原型设计的阶段，在这一阶段，产品经理将绘制产品的原型图，然后与设计师沟通。在进入网页设计阶段前，两者就产品的初步形态需达成一致。

网页设计

在这个阶段，设计师需要根据原型图确定的框架完成网页设计，这里的网页设计指的是网页的视觉设计。网页设计完成后，设计师需要提交设计的视觉稿。

视觉稿通过以后，设计师还需要总结设计规范，如字体大小、图片尺寸、按钮样式等。因为一个项目中可能不只有一位设计师，总结设计规范可以保证同一个项目中不同的设计师都能输出一样的设计风格。

设计师还需要根据前端工程师的需要进行切图标注，有时这项工作也由前端工程师负责。

前端后端

这个阶段由研发工程师来负责产品的最终实现，用代码重构设计师设计的页面。

在网页正式上线前，还需要设计师进行检查，确定网页的还原度是否有问题。如果网页与设计稿有差别，还需要前端工程师进行调整。

这个阶段的工作还包括产品的错误排查、多平台适配、兼容性测试等。

产品上线

错误排查结束后，网站就可以正式上线了。产品上线后还需要运营，即已有产品的优化和推广。这个阶段的工作主要包括内容建设、用户维护和活动策划。

知识点 2 Photoshop 在 Web 设计中的作用

使用Photoshop可以轻松完成网页设计的工作，如网页的排版布局，矩形、圆角矩形等图形的绘制，以及制作各种视觉效果、处理图片等，如图13-2至图13-5所示的网页设计效果均可以使用Photoshop完成。

因此Photoshop是网页设计师必须掌握的软件之一。

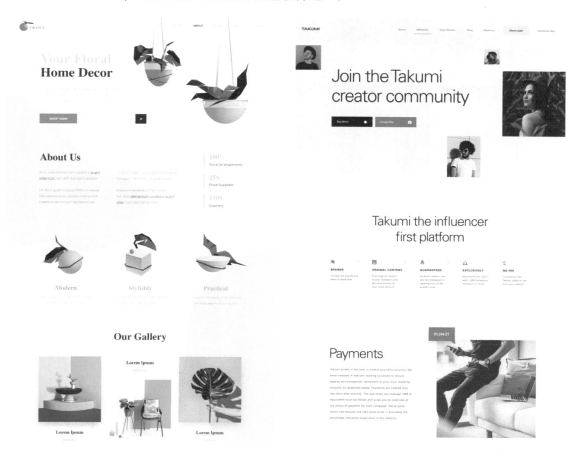

图13-2　　　　　　　　　　　　　　　　　　　　　　图13-3

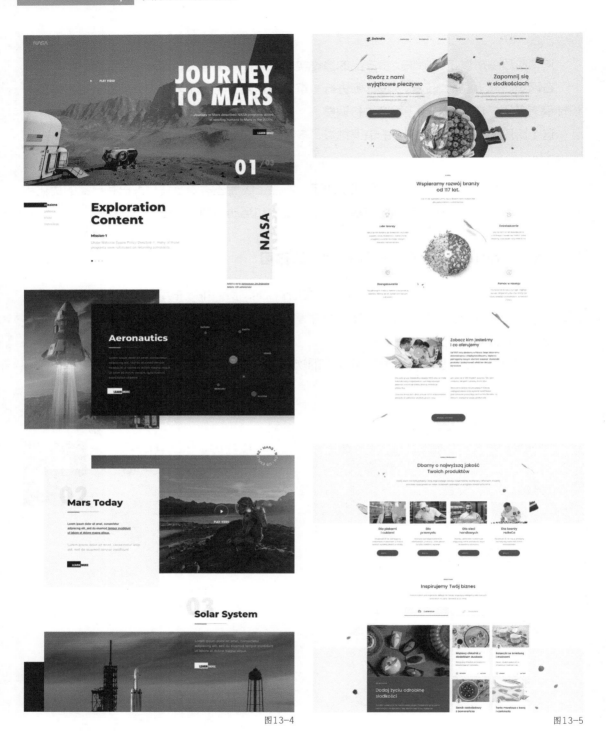

图13-4

图13-5

　　至此，Web行业知识已讲解完毕。扫描图13-6所示二维码，可观看教学视频，回顾本节学习内容。

图13-6

第2节 Web设计规范

在进行Web设计时，需要遵循一定的设计规范。了解Web设计的规范可以帮助设计新人更好地把握工作的要点，减少失误。本节将讲解Web设计的常用规范。需要注意的是，不同的公司、不同的项目会有不同的设计规范，在完成实际项目时应遵循该项目的具体设计规范。

知识点 1 尺寸与分辨率

在Photoshop的"新建文档"对话框中有常见的几种网页尺寸预设供选择，如：网页–常见尺寸（1366x768像素）、网页–大尺寸（1920x1080像素）、网页–最小尺寸（1024x768像素）、MacBook Pro13（2560x1600像素）、MacBook Pro15（2880x1800像素）、iMac 27（2560x1440像素）等，如图13-7所示。

尺寸设置涉及各种屏幕适配的问题，在实际工作中需要与前端开发人员沟通具体细节。

因为网页是由电子屏幕来显示的，所以将网页设计文档的分辨率设置为72ppi，颜色模式选择为RGB颜色。

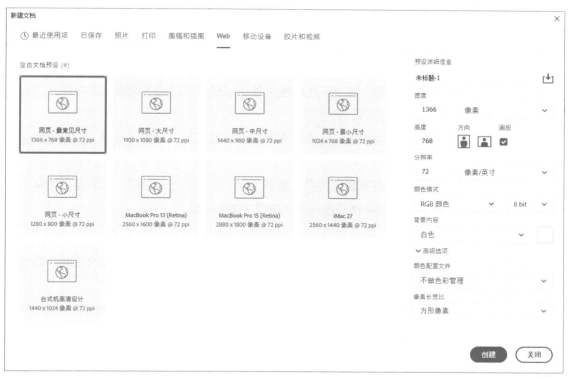

图13-7

需要注意的是，网页设计的区域并不会占满整个画布。

以1920像素×1080像素的网页为例，在设计网页首屏时，网站的宽度为1920像素，高度约为900像素，因为需要从1080像素的高度中减去浏览器头部和底部的高度。为了避免内容显示不全，1920像素的宽度也不建议占满。所以建议在宽度为1400/1200/1000像素，高度约为900像素的内容安全区域进行设计，如图13-8所示。

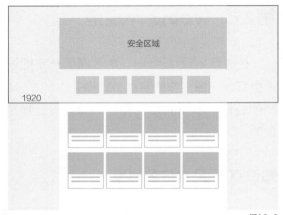

图13-8

知识点 2 文字规范

在Web设计中使用文字也需要遵循一定的规范。

字体选择

出于易读性的考虑，网页的字体一般使用非衬线字体。中文网页推荐使用苹方或微软雅黑字体，英文网页则推荐使用Arial字体。

字体大小

在字体大小方面，常用的字体大小为12像素、14像素、16像素和18像素，如图13-9所示。12像素是适用于网页的最小字号，适用于注释性内容；14像素则适用于普通正文内容；16像素或18像素适用于突出性的标题内容。

网站的字体大小并没有硬性规定，具体的字号可以根据实际情况酌情考虑，但是要使用偶数字号。

在一个网页中，字体的种类不需要太多，最多使用3种字体进行混搭。如果需要字体来表现更多信息层级，可以通过改变字体颜色或选择加粗字体来体现。

文字颜色

主文字的颜色，建议使用品牌的VI颜色，这样做可提高网站与品牌之间的关联，增加可辨识性和记忆性。

正文字体颜色，选用易读性的深灰色，如#333333、#666666等；辅助性的注释类文字，则可以选用#999999等比较浅的颜色，如图13-10所示。

字间距、行间距和段间距

字间距使用默认数值即可。行间距一般为字号大小的1.5至2倍。以14像素的正文字号为例，行间距一般设置为21~28像素。段间距一般为字号的2至2.5倍。以14像素的正文字号为例，段间距一般设置为28~35像素。

图13-9

图13-10

知识点3 图片的选择和处理

网站设计中常用4（宽）：3（高）、16（宽）：9（高）、1:1等比例图片。具体图片大小没有固定要求，但以整数和偶数为佳。选择图片素材时，尽可能选择尺寸比目标尺寸大的图片，图片处理的空间会更大。

图片的格式有很多，如支持透明的PNG格式、节省空间的JPG格式、支持动画的GIF格式等。

输出网络使用的图片时，在保证图像清晰度的情况下，文件占用空间越小越好。

那么如何输出较小的图片呢？

在Photoshop中，使用"文件-导出-存储为Web所用格式"命令，如图13-11所示，可以压缩图片的多余像素，会比普通存储的图片小。

注意，在输出PNG格式图片时，要选择"PNG-24"格式，不要选择"PNG-8"格式，因为"PNG-8"导出的图片质量较差，清晰度较低。

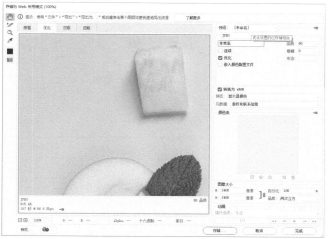

图13-11

知识点4 栅格

栅格也被称为网格。在网页设计中常用12栅格，如图13-12所示，它便于对网页进行2等分、3等分、4等分，从而适应大多数网页布局。每个栅格包含列和水槽，列承载内容，水槽不能填充内容。网格中列越多，灵活性越大，相应的，复杂度越高，所以并不是列越多越好。

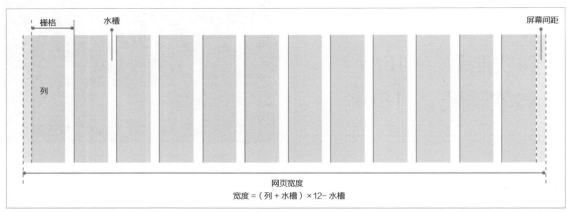

图13-12

栅格系统能大大提高网页的规范性，使网页看起来更有秩序感。在栅格系统下，页面中所有组件的尺寸都是有规律的。另外，基于栅格进行设计，可以让整个网站各个页面的布局保持一致。这能增加页面的相似度，提升用户体验。

设计中很多时候需要将多个栅格合并，从而形成一个组合区域来使用，组合区域内的水槽可以承载信息。图13-13所示为一种栅格合并使用的方式，左边6个栅格形成一个组合，右边的6个栅格，每两个形成一个组合。

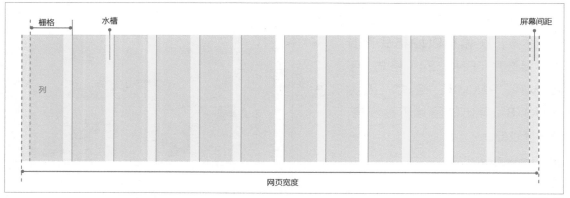

图13-13

知识点 5 切图

切图工作有时候由设计师负责，有时候由前端工程师负责，因此需要根据不同公司的具体情况来进行沟通协调。

设计师需要了解一些切图的基本知识。在网页设计中，能够直接导出图片的元素，不需要切图，如带透明的元素可以直接导出PNG图片。而前端工程师可以简单制作的图片或图形，也不需要切图，如纯色的底图，在提交设计规范时标注颜色数值即可。还有像一些简单的按钮，前端工程师也能直接用代码实现。因为切图工作与前端开发工作密切相关，所以设计师需要与前端人员多多沟通，互相协作。

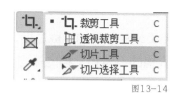

图13-14　　　　　　　　　图13-15

Photoshop中的"切片工具"可以辅助切图工作。切片工具位于工具箱中，如图13-14所示。切片工具的使用方法是，选中切片工具后，直接在工作区框选切片的区域，系统将自动划分出切片的范围。扫描图13-15所示二维码，观看使用切片工具的详细操作教学视频。

使用切片工具时，除了直接框选切片区域外，还可以基于参考线来切片。如微博九宫格宣传图，可以基于图片原有的九宫格参考线来切片。在显示参考线的情况下，单击切片工具属性栏的"基于参考线的切片"按钮，即可基于参考线进行切图，如图13-16所示。

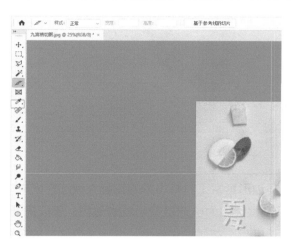
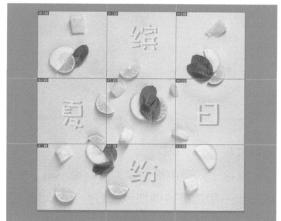

图13-16

如何导出这些切片呢？执行"文件－导出－存储为Web所用格式"命令，在弹出的对话框中使用切片选择工具，选择自己需要导出的切片，设置好图片格式、图像大小后导出即可。

除了微博九宫格图片需要切图外，电商详情页有的时候也需要切图。以淘宝详情页为例，平台对图片高度有统一的要求，因此超出规定高度的详情页需要切割后再上传。切割详情页也可以使用切片工具。

至此，Web设计规范已讲解完毕。扫描图13-17所示二维码，可观看教学视频，回顾本节学习内容。

图13-17

第3节 Web设计案例

这节课将讲解网页设计作品的完成过程，在作品的制作过程中，需要根据Web设计规范进行文档的设置、栅格的设置和文档的输出，还需要运用前面所学的精准选中对象的方法对图像进行处理，运用文字工具创建文本，运用图层样式给网页按钮增添质感等。作品的完成效果如图13-18所示。

下面将讲解完成作品的关键步骤。

图13-18

处理素材

在这个网页中最主要的素材是小狗。先选择多边形套索工具将小狗的轮廓大致选择出来，这一步不用选得特别细致，后面还将对选区进行调整。因为小狗是有毛发的动物，所以需要使用"选择并遮住"功能来选择它的毛发。做好选区后，在属性栏单击"选择并遮住"按钮，选择调整边缘画笔工具沿着毛发的区域进行涂抹即可。调整完成后，将素材输出为图层蒙版，如图13-19所示。

新建文档

新建尺寸为1920像素×750像素的文档，分辨率设置为72ppi，颜色模式设置为RGB模式，背景设置为白色，如图13-20所示。

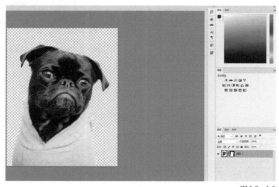

图13-19

图13-20

设置栅格

　　执行"视图-新建参考线版面"命令，设置栅格。"列"设置为12，"宽度"为80像素，"装订线"设置的是水槽的宽度，为20像素。设置边距时，上边距为网页菜单栏的高度，设置为100像素，而左右边距则设置为安全距离，即360像素，下边距设置为0，如图13-21所示。栅格在画布上的效果如图13-22所示。

　　栅格设置好后就可以基于栅格来进行网页设计了。注意，可以执行"视图-锁定参考线"命令，将参考线锁定，防止参考线在后续的操作中被误操作而移动。

图13-21

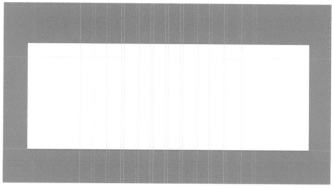

图13-22

放置素材，并处理素材与背景的过渡

　　接下来使用移动工具，将处理好的素材移动复制到网页设计文档中，并使用自由变换功能，使其大小占5个栅格。图片素材放置好后，再设置一下背景。在背景图层上增加一个新的图层，并使用渐变工具给新图层绘制从下到上的渐变色，渐变色为肤色到浅肤色，肤色吸取小狗衣服上深色的部分，浅肤色吸取小狗衣服上浅色的部分。

　　由于这个小狗图片有景深，衣服的部分有虚化效果，而抠选素材时，它的边缘变清晰了，所以需要对小狗的衣服边缘做自然过渡的处理。在小狗图层上方新建图层，使用涂抹工具将边缘涂抹得更加自然，涂抹的范围主要是衣服的边缘。处理完成后的整体效果如图13-23所示。

图13-23

制作导航栏

首先将素材中提供的LOGO置入，使用自由变换功能将其调整为两个栅格的大小，并放置在导航栏的左上角。然后制作导航栏左边的文字，每一个按钮的文字在素材文档中都有提供，可以直接复制粘贴使用。使用文字工具一个一个地创建点文字，字体选择为非衬线体，字号设置为16像素，颜色吸取LOGO的绿色。将这些文字图层进行顶对齐，并让它们位于对应栅格的中间。

由于制作的是网页首页，所以"HOME"的文字部分需要做一些特殊处理。选中文字后，将字体选择为同系列的粗体。在这一列对应的栅格顶部增加一个矩形来表示当前选中的状态，矩形的尺寸为80像素×12像素，填充颜色使用LOGO上的绿色。

导航栏制作完成的效果如图13-24所示。

图13-24

添加主副文字

使用文字工具，创建段落文本。主文字字体选择为较粗的非衬线体，字号设置为72像素，为了凸显主文字，颜色设置得深一些，为#333333。主文字分为两行，占左边的7个栅格。

接着使用文字工具创建副文字。副文字使用与主文字同系列的较细的非衬线体，字号设置为18像素，颜色与主文字相同。副文字同样占7个栅格，与主文字对齐。由于副文字行数较多，因此在"段落"面板中设置两端对齐且最后一行左对齐，使文字排版看上去更加整齐。主副文字调整完成后的效果如图13-25所示。

制作按钮

使用圆角矩形工具绘制宽度为388像素、高度为80像素、圆角半径为80像素的圆角矩形。绘制完成后将其描边设置为"无"，颜色设置为绿色。圆角矩形的宽度约为4个栅格。为了提升按钮的立体感和空间感，使用图层样式功能给圆角矩形增加渐变填充和阴影效果。

按钮背景制作好后，使用文字工具添加按钮文字。字体设置为较粗一些的非衬线体，字号设置为30像素，颜色设置为附近吸取的背景颜色。

按钮制作完成后的效果如图13-26所示。到这里这个网页的视觉效果就完成了。

图13-25

图13-26

输出文件

首先保存一个PSD格式的源文件，方便后续的修改。保存源文件后，还可以输出预览文件，预览文件可用于项目沟通展示。执行"文件–导出–存储为Web所用格式"命令，导出为JPG格式文件即可。同时还需要将网页中的元素导出。执行"文件–导出–将图层导出到文件类型"命令，文件格式选择为PNG-24，即可导出网页上所有的元素，并保留元素中的透明部分。

至此，网页设计案例的关键步骤就讲解完了。扫描图13-27所示二维码，即可观看教学视频，学习本案例详细操作步骤。

图13-27

第4节 App界面、Banner、详情页的拓展

　　除了网页设计，Web设计还包含App界面设计、Banner设计、详情页设计等内容，这些领域作品的制作方法与网页设计基本一致，但在设计规范方面略有不同，因此这节课将讲解这些知识。

知识点 1 App 界面

　　手机已经成为人们生活中密不可分的伙伴，在手机上运行的应用软件常被称为App，为这些App做设计也成为了互联网设计师的主要工作。App开发工作流程与Web开发工作流程基本一致。App设计与Web设计相似，但因手机屏幕与电脑屏幕的尺寸差异，App的设计规范，即界面布局、各部件尺寸和字体运用等与Web设计规范略有不同。

　　因为手机生产厂商有很多，所以手机屏幕大小各不同，想要一个设计稿适配多种机型，则需选择一个合理的尺寸。以目前使用得比较多的iPhone手机为例，设计时经常会选择的尺寸为750像素×1334像素。这是一个中间尺寸，可以向下或向上兼容。

　　手机界面中的各种栏作为界面的组成元素，可以将它视为应用程序的骨架，起到梳理信息层级、引导相关交互等重要作用。App中的栏一般包括状态栏、标签栏、导航栏和工具栏等，如图13-28所示。在各系统中严格规定了各个栏的高度，因此在设计时必须遵循它们的尺寸规范。

图13-28

　　App设计常用6栅格，如图13-29所示。App设计同样需要设置屏幕边距，不同的产品所采用的屏幕边距也不一样，常用的边距有32像素、30像素、24像素、20像素等，这些边

距的特点就是数值全为偶数。

例如，微信的屏幕边距为20像素，这样可以展示更多的内容。不建议设置比20像素还小的边距，否则界面内容会显得过于拥挤。

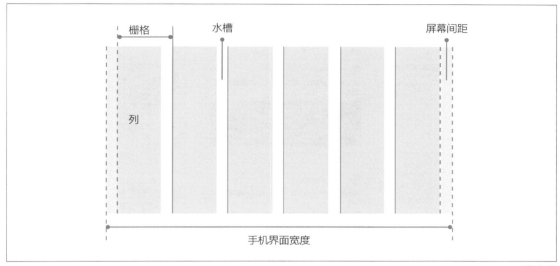

图13-29

内容间距要考虑亲密性原则，相关的内容要互相靠近，不相关的内容则要远离，如图13-30所示。这会让相关联的内容看起来是属于一组的。

图13-30

在文字规范上，字号设置都为偶数，字号范围一般在20至36像素。不同字号有不同的用途。22像素用于辅助性文字、次要的备注信息等；24像素用于辅助性文字，次要的标语等；26像素用于段落文字，如小标题模块描述等；28像素用于段落文字，如列表性商品标题等；30像素用在较为重要的文字或操作按钮，如列表性标题分类名称等；32像素用在少数标题，如列表店铺标题等；36像素用在少数标题，如导航标题、分类名称等。

文字的颜色不建议使用黑色，正文一般采用深灰色，如#333333、#666666等。辅助性的注释类文字，则可以选用浅灰色，如#999999。

在App设计中，内容的布局形式最常用的是列表式布局和卡片式布局。

例如支付宝中"我的"页面，采用的就是列表式的布局，内容是一行一行划分的，而一些旅游类App或购物类App常用的是卡片式布局，如图13-31所示。卡片式布局一般是文字加上图片形成一个卡片的模块，其中又分为单栏和双栏布局。

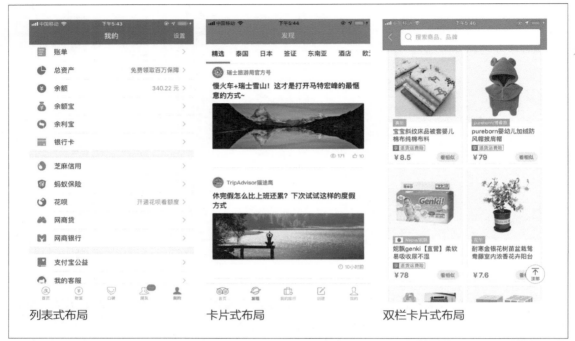

列表式布局　　　　　　　　卡片式布局　　　　　　　　双栏卡片式布局

图13-31

App界面中的功能图标为系列图标，需要具有相同的风格，即大小一致、线条粗细一致、圆角大小一致、个性细节一致等，如图13-32所示。

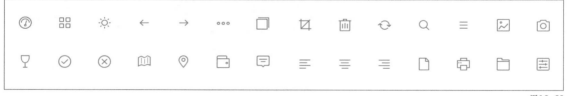

图13-32

知识点2 Banner

广告是门户类网站获得营收的渠道之一，在网站中最常见的广告形式之一就是Banner。Banner在网站中非常显眼，因此除了展示外部广告，有时候也会宣传内部活动或推荐资讯等。Banner的宽度有两种，一种是满屏（1920像素），另一种是基于安全区域的满尺寸（1200像素或1000像素）。高度需要注意，以1920×1080像素为例，加上浏览器本身头部和底部工具条等距离，留给一屏的高度大概为900像素，如图13-33所示。所以Banner不能做得很高，否则第一屏信息会显得不够。

Banner需要明确地传达信息，吸引用户单击，且设计风格要符合产品的调性。

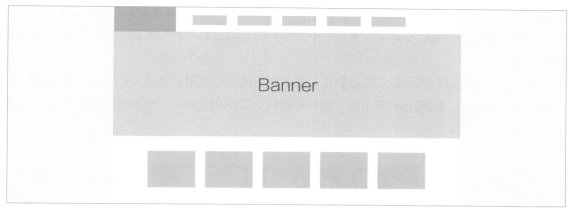

图13-33

Banner的构图方式比较简单，常见的有左字右图、左图右字、上下构图、左中右构图、文字主体构图等。左字右图构图如图13-34所示，文字主体构图如图13-35所示。

Banner的字体要根据整体的设计风格进行选择，文字内容一般由主标题和副标题构成，配色不宜超过4种。

图13-34

图13-35

知识点 3 详情页

详情页多用于电商，主要用于介绍产品信息，突出产品特色。通过设计师的视觉化设计手段，详情页可以提升交易的达成率，所以详情页在电商设计中有着非常重要的作用。

详情页的构图和版式不需要很复杂，干净整齐的画面更利于视觉表达，用户能够更快捷地获取有用信息。

移动端详情页以一屏为单位进行制作，最后整合成一个完整的详情页。它的常用构图方式有上下式、左右式，如图13-36所示。图片的形式可以采用全屏式、半屏式或透明图等，如图13-37所示。

图13-36

图13-37

Web设计的发展和变化非常迅速，如果想要从事Web设计，不仅需要提升设计能力，还需要不断关注行业发展的潮流和趋势，才能更好地胜任这份工作。

至此，关于App界面、Banner、详情页的拓展知识已讲解完毕。扫描图13-38所示二维码，可观看教学视频，回顾本节学习内容。

图13-38

本章模拟题

1.单选题

当接到一个网站Banner设计任务时，其中需要包含丰富的文字和图片，若创建通栏广告，以下哪个尺寸最合适？

A.宽度28派卡；高度18派卡

B.宽度5.5英寸 ；高度3.5英寸

C.宽度200像素；高度35像素

D.宽度728像素；高度100像素

提示 1.在制作屏幕上显示的内容时，单位通常选择"像素"，因为像素是屏幕显示的基础单位。

2.网站Banner根据屏幕的差异，尺寸也会不同。如果是通栏的Banner，建议宽度在700至1000像素。

3.随着科技的发展，显示屏幕的分辨率越来越高，早期的显示屏幕只有800像素 × 600像素大小，相应的，Banner尺寸也会比较小。而最新的显示屏幕甚至能达到3840像素 × 2160像素或4096像素 × 2160像素分辨率，这必然会影响到Banner尺寸。

参考答案

本题正确答案为D。

2.多选题

如何将图片批量存储为适合网页使用的图片？（选两项）

A.将所有图片的ICC特征文件更改为SRGB

B.保存图像时，执行"文件－保存"命令或执行"文件－另存为"命令

C.保存图像时，执行"文件－导出－保存为网页和设备所用格式"命令

D.保存图像时，嵌入每个图像的颜色配置文件

提示 1.SRGB色域空间较小，能够在绝大部分显示设备上保持一致的色彩。

2."保存为网页和设备所用格式"可以让图片在网页上的显示更佳。

3.执行"文件－保存"命令所获得的图片通常比"保存为网页和设备所用格式"所获得的图片大。

4.保存图片时，嵌入每个图片的颜色配置文件可以最大程度降低色彩损失，但不是每个显示器都可以正确显示这些颜色。

参考答案

本题正确答案为A、C。

3.单选题

用于印刷品中的高分辨率TIFF图若想用于网页，最好以哪种文件格式保存？

A.SVG(.svg)

B.JPEG(.jpg)

C.PSD(.psd)

D.RAW(.raw)

提示 1.PSD格式可以存储Photoshop中图层、通道、参考线、注解和颜色模式等信息。PSD文件保留所有原图像数据信息，因而修改起来较为方便。

　　2.JPEG是目前应用最广泛的文件格式，尤其在网页上使用最普遍。

　　3.RAW是原始数据格式，最原始的信息文件。体积最大、信息最全。

　　4.SVG是用来描述二维矢量及矢量或栅格图形。SVG图形是可交互的和动态的，可以在SVG文件中嵌入动画元素或通过脚本来定义动画，通常用于网页。

参考答案

本题正确答案为B。

4.单选题

如何快速地将图13-39所示的渐变编辑器中间的色标删除？

A.双击色标，并将颜色设置为"无"

B.将色标向下拖曳，直到其消失

C.在目标色标上单击鼠标右键，并选择"删除"

D.选择色标，并将"位置"设置为0%

提示 在Photoshop中渐变编辑器可以自行编辑一个渐变模式。它的调出方法是选择渐变工具，双击属性栏里的渐变条。拖动渐变编辑器中渐变条下方的色标，可以调整颜色的范围和位置；在渐变条下方空白处单击，可以增加色标；双击色标可以调整色标颜色；将色标向下拖曳直至消失，可以删除色标。

图13-39

参考答案

本题正确答案为B。

5.操作题

若PSD文件存在网格和标尺线，如图13-40所示，在将对象拖拽到网格或参考线附近时，这些对象会自动对齐到网格或参考线。请修改设置，使对象可以拖动到任意位置。

参考答案

（1）执行"视图-对齐到"命令。

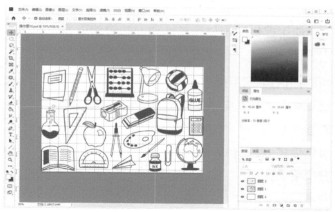

图13-40

（2）执行"视图-对齐到"命令，取消选择"网格"。

6.操作题

图13-41为一张背景透明的LOGO图像，准备供网页使用，在不改变原始文件的情况下，以200像素×200像素，将其保存为PNG-24格式并命名。

参考答案

（1）执行"文件-导出-储存为Web所用格式"命令。

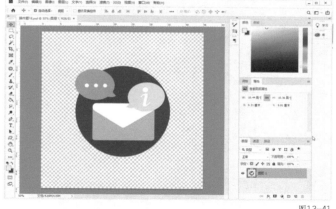

图13-41

（2）文件格式选择为"PNG-24"，修改图像大小为200像素×200像素，单击"存储"按钮。

作业：运动网站首页设计

使用提供的素材完成运动网站的首页视觉设计。

提供的素材

核心知识点 网页规范布局、图形工具组、图层样式、文字工具、参考线版面等

尺寸 1920像素×1080像素

颜色模式 RGB色彩模式

分辨率 72ppi

背景颜色 自定

完成范例

作业要求

（1）设计时需使用提供的素材进行制作，文案自拟。

（2）作业需要符合网页设计规范，网页中需要包含导航栏、按钮、LOGO、主次文案等，可根据范例效果设置网页元素（范例仅供参考）。

（3）作业提交JPG格式文件。

第

14 课

动画与视频——让画面动起来

使用Photoshop除了可以处理静态图片、创作平面作品，还可以制作动态作品，如帧动画和简单的视频。

本课将讲解Photoshop中制作动画与视频的工具——时间轴——的使用方法，再通过3个应用案例的讲解，帮助读者熟练制作动画和视频的流程和技巧。

第1节 时间轴——制作动画和视频的工具

前面的课程讲解的大多是利用Photoshop来制作静态图像作品，在Photoshop中其实还可以配合时间轴功能，制作出简单的动画或视频作品。本课将讲解时间轴功能的使用方法。

知识点 1 创建帧动画

在讲解帧动画的创建前，首先需要理解帧的概念。很多人小时候玩过翻页的小人书其实就是一种帧动画，如图14-1所示。翻页动画中每一页的画面其实就相当于帧动画的一帧。帧动画就是通过多个静态画面连续播放而形成的动画效果。

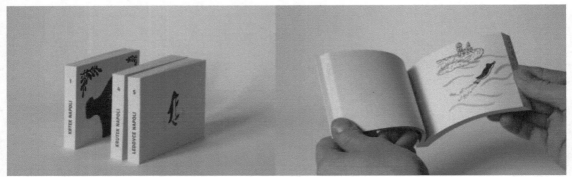

图14-1

新建帧

执行"窗口－时间轴"命令，可以调出"时间轴"面板。在初始状态下，可以从中找到"创建视频时间轴"和"创建帧动画"两个选项，如图14-2所示。

图14-2

在新建的画布上用矩形工具绘制一个矩形，单击"创建帧动画"按钮，可以看到"时间轴"面板发生了变化，帧动画的第一帧自动创建出来了，如图14-3所示。如果想要创建第二帧，单击"复制所选帧"按钮，系统会将选中的帧复制出来。需要给第二帧赋予一些变化才能在播放动画时看到变化的效果。选中第二帧，在"图层"面板中隐藏矩形图层，此时"图层"面板如图14-4所示，再次单击"播放动画"按钮，画面中的矩形就会不停闪烁。

图14-3

图14-4

调整每帧时间

在每一帧的预览图下方可以调整每一帧的时间。单击每一帧下面的时间，可以打开"时间设置"菜单，在菜单中选择时间长度或设置自定义时间即可。

循环播放设置

在"时间轴"面板上还可以调整播放动画的循环次数。在循环播放设置菜单中，如果选择"一次"选项，那么动画就只播放一次；如果选择"永远"选项，动画就会循环播放直至单击"暂停播放"按钮。

删除帧

如果想要删除多余的帧，可以选中帧，然后单击"删除"按钮即可，也可以将需要删除的帧直接拖拽到"删除"按钮上。

自动创建过渡动画

对于帧动画而言，帧数越多，画面越流畅、细腻，而在帧数较少时，动画过渡就会比较生硬。如果想要动画的过渡效果看起来更加顺畅，就需要增加中间的过渡帧。但是如果每一帧都手动制作，肯定特别费时费力。好在"时间轴"面板中有自动创建过渡帧的功能，可以帮助减少重复操作。

使用自动创建过渡动画的功能可以制作出很多不同的过渡效果，包括透明度的过渡、位置的过渡、对象效果的过渡等。以图14-4所示的动画为例，选中两帧，在"时间轴"面板上单击"创建过渡动画"按钮，打开"过渡"对话框，在对话框中设置添加的帧数，就可以创建出透明度变化的过渡帧，此时"时间轴"面板如图14-5所示。

虽然帧数越多画面会越流畅，但帧数越多也意味着文件越大，所以需要合理增加过渡帧。

扫描图14-6所示二维码，观看创建帧动画的详细操作教学视频。

图14-5

图14-6

知识点 2 创建视频时间轴

使用"时间轴"面板还能制作视频作品，下面将讲解制作视频时所需要用到的时间轴属性、过渡效果、时间设置等操作技巧。

不同图层对应的时间轴属性

打开视频时间轴演示文件，执行"窗口-时间轴"命令，打开"时间轴"面板，单击"创建视频时间轴"按钮，视频时间轴就创建出来了。在视频时间轴上，一个图层对应一个时间轴，如图14-7所示。

时间轴可以放大缩小，便于进行更精准的操作。在动作上可以看到不同图层的动作属性，不同类型的图层对应的时间轴属性不同。设置不同的动作属性可以调整视频时间轴中对象的动态效果，可以制作的常用动态效果包括位置的变化、不透明度的变化、样式的变化和形状变换。

图14-7

位置

在新建的画布上方绘制一个矩形，创建视频时间轴，打开矩形图层的"动作属性"菜单，在"位置"一栏单击"启用关键帧动画"按钮，创建第一个关键帧，然后把时间线调到想要的位置，将矩形调整到画布下方，创建出第二个关键帧即可完成矩形从上至下位置变化的动作，效果如图14-8所示。

图14-8

不透明度

用同样的矩形来制作不透明度的变化效果。在时间轴的初始位置单击"不透明度"一栏上的"启用关键帧动画"按钮，创建第一个关键帧，然后把时间线调到想要的位置，更改矩形的不透明度，创建出第二个关键帧即可完成矩形不透明度变化的动作，效果如图14-9所示。

图14-9

样式

用同样的矩形来制作样式的变化效果。设置好矩形的初始外发光效果后，在时间轴的初始位置单击"样式"一栏上的"启用关键帧动画"按钮，创建第一个关键帧，然后把时间线调到想要的位置，更改矩形的外发光参数，创建出第二个关键帧即可完成矩形样式变化的动作，效果如图14-10所示。

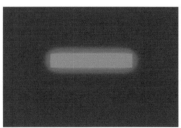

图14-10

变换

在视频时间轴中，只有智能对象可以进行形状的变换，所以需要将矩形转化为智能对象。在时间轴的初始位置单击"变换"一栏上的"启用关键帧动画"按钮后，通过多次变换矩形形状和调整时间，即可创建多个关键帧。这样，矩形形状变换的动作就完成了，效果如图14-11所示。

图14-11

灵活运用这些动作属性，就可以在Photoshop里面制作很多有趣的动画效果。

过渡效果

在视频时间轴中可以设置动画的过渡效果。过渡效果指的是元素与元素之间的过渡效果。如文字图层设置过渡效果后，它就会在背景上缓慢地出现。设置过渡效果的方法是选中想要的过渡效果后，将其拖曳至时间轴上中，如图14-12所示。

过渡效果还可以调整过渡的时间长短，调整的方法是选中过渡效果并拖曳过渡效果块的长度。如果想要删除过渡效果，选中过渡效果，单击鼠标右键，在弹出的菜单中单击垃圾桶按钮即可。

> **提示** 过渡效果只有在导出视频格式文件时有效，导出GIF格式时，过渡效果是无效的。

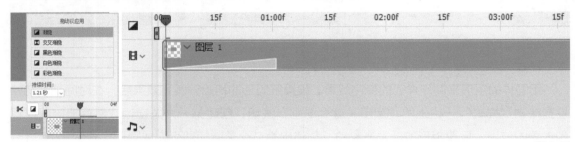

图14-12

设置工作区域时间

整个视频的时长在时间轴上受图14-13所示的两个控点控制，调整这两个控点可以调整视频的时长。

图14-13

调整视频的播放速度

利用视频时间轴除了可以制作简单的动画效果，还可以做简单的视频剪辑和调色。在Photoshop中打开视频文件，在"时间轴"面板上单击视频对应的时间轴末端的按钮，即可调整视频的播放速度，如图14-14所示。

图14-14

视频剪辑

按空格键可以开始或暂停播放视频。当视频播放到需要剪辑的地方，可以单击在播放头处的拆分按钮（剪刀状图标），对视频进行拆分。视频被拆分后，可以选中不需要的片段并按Delete键删除，删除的片段前后的两段视频将自动连接起来，这样就实现了简单的剪辑，如图14-15所示。

图14-15

视频调色

在Photoshop中还可以对视频进行调色，调色的方法跟图像的调色一样，都是使用调整图层来实现。以给视频提升亮度和对比度为例，在"图层"面板上增加一个亮度/对比度的调整图层，适当地增加亮度和对比度的数值即可，如图14-16所示。

图14-16

利用这个方法还可以给视频制作渐变的调色效果。首先在"图层"面板上增加一个黑白调整图层，在视频状态下增加的调整图层，系统会默认将其设置为剪贴蒙版。在剪贴蒙版的状态下，无法调整黑白图层在时间轴上的位置，所以需要先将剪贴蒙版释放出来。黑白调整图层的剪贴蒙版状态被释放后，在"时间轴"面板上就可以看到黑白调整图层的时间轴了，如图14-17所示。调整黑白调整图层出现的时间，再为其增加渐隐效果，如图14-18所示，视频将呈现从彩色到黑白的渐变。

图14-19

图14-17

图14-18

扫描图14-19所示的二维码，观看视频调色的详细操作教学视频。

知识点 3 输出帧动画和视频

在Photoshop中存储帧动画或视频文件的方式与存储图像略有不同，需要使用"文件"菜单下的"导出"命令来输出文件。

输出帧动画

　　想要输出帧动画文件，需要执行"文件－导出－存储为Web所用格式"命令，在弹出的对话框中设置文件格式为GIF格式，然后导出文件。如果想要导出循环播放的帧动画，需要在对话框的"循环"选项中选择"永远"，如图14-20所示。

输出视频

　　想要输出视频文件，需要执行"导出－渲染视频"命令，在弹出的对话框中选择视频的格式，如H.264格式等，然后单击"渲染"按钮，即可导出文件，如图14-21所示。

　　至此，时间轴的相关知识已讲解完毕。扫描图14-22所示二维码，可观看教学视频，回顾本节学习内容。

图14-22

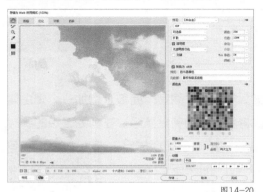

图14-20

图14-21

第2节　动画与视频制作案例

　　本课将通过制作表情包、短视频片段和产品促销视频3个案例来讲解制作动画与视频的一般流程和方法，帮助读者熟悉时间轴功能的使用。

案例1　帧动画（表情包）

　　本案例需要制作的是一个动态表情包，其实就是一个帧动画，表情包的原图如图14-23所示。这张图是一个女生戴着拳套挥拳打向一个男生的脸上的场景，两个人物的表情都非常夸张，很适合用来做表情包。表情包完成效果可扫描14-23所示二维码预览。

图14-23

　　制作帧动画一般需要先制作出帧动画每一帧的画面，再在"时间轴"面板上创建帧动画和调整效果。本案例中后续制作的图层主要用来增加画面中的打击感和动感。

打开原图，按快捷键Ctrl+J复制背景图层。将复制的背景图层转换为智能对象，执行"滤镜-风格化-风"命令，在弹出的对话框中选择"飓风"，风的方向选择"从右"，如图14-24所示。

图14-24

双击这个图层，打开"图层样式"对话框，取消勾选"高级混合"中"通道"的红色通道和蓝色通道，如图14-25所示。

图14-25

使用同样的方法制作下一个图层，操作的区别是风的方向改为"从左"。这样第二帧和第三帧的画面就做出来了，这两帧是为了增加打击的颤动感。

第三个图层需要为画面增加冲击感。再复制一个背景图层，将其调整到所有图层的最上方。然后创建一个渐变映射的调整图层，将渐变映射调整为从红色到白色，再将其转换为剪贴蒙版，如图14-26所示。再使用自由变换功能将画面放大。放大画面同样可以形成冲击感。

当每一帧的画面完成后，在"图层"面板中先保留背景图层，隐藏其余的图层，然后在"时间轴"面板中单击"创建帧动画"按钮，将背景图层创建为第一帧。再复制出第二帧，选中第二帧，将制作的第二个图层显示出来，改变第二帧的画面。使用同样的操作创建出第三帧和第四帧。

最后，调整每一帧的时间和画面跳转的细节，导出GIF文件，本案例就完成了。扫描图14-27所示二维码，观看帧动画案例的详细操作教学视频。

图14-26　　　　　　　　　　　　　　　　　　图14-27

案例 2　短视频片段

本案例需要制作的是一个短视频片段，完成效果可扫描图14-28所示二维码预览。通过分析完成的效果可以得出，视频主要是4个不同的对象依次出现的效果。

新建文档，设置文档名称为"短视频"，尺寸为1000像素×1000像素，分辨率为72ppi，颜色模式为RGB模式，背景选择为黑色或白色。接着打开背景素材，使用移动工具将其置入画布。使用自由变换功能，将背景素材调整到合适的大小和位置，如图14-29所示。

接着制作出现在背景图层后的黑色半透明图层。增加纯色调整图层，颜色选择为黑色，再将这个图层的不透明度调整为40%，如图14-30所示。

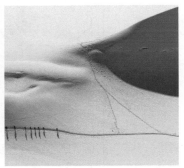
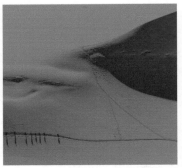

图14-28　　　　　　　　　　　图14-29　　　　　　　　　　　图14-30

接着制作两个文字图层。使用文字工具，在画面上分别绘制两个段落文本框，使用提供的文本素材，复制并粘贴对应文字，调整文字的字体、字号、颜色和行距。为了拉开两段文字的层次，将下面一段文字设置为粗体，如图14-28所示。

最后在"时间轴"面板上单击"创建视频时间轴"按钮，将视频的时长调整为2秒，接着分别调整4个图层出现的时间，再分别给它们增加渐隐效果，导出视频文件完成视频的制作。扫描图14-31所示二维码，观看短视频片段案例的详细操作教学视频。

图14-31

案例3 产品促销视频

　　本案例需要制作的是一个产品促销视频。因为本案例着重讲解关键帧的设置，所以素材文件已经把所有的图层都准备好了，下面将讲解本案例关键帧设置的要点，视频完成效果可扫描图14-32所示二维码预览。

　　首先分解视频的画面。本视频主要分为两组动作，一组是前面的产品和促销信息1向画面中间移动又向画面外消失，另一组是促销信息2在画面中逐渐显示，如图14-32所示。

图14-32

　　打开素材文件，在"时间轴"面板中单击"创建视频时间轴"按钮，调整视频的时长。然后先设置促销信息2逐渐显示的画面，将促销信息2对应的时间轴时间拖曳到视频的后半部分，为其增加渐隐效果，如图14-33所示。

　　接着制作第一组动作。将时间线拖曳到产品和促销信息1第一次同时出现的位置，在产品图层和促销信息1图层对应的时间轴属性中"位置"一栏各创建一个关键帧，这个关键帧设置的是它们同时出现的效果，如图14-34所示。将时间线拖曳到视频的起点，在产品图层和促销信息1图层对应的时间轴属性中"位置"一栏各创建一个关键帧，这个关键帧设置的是它们同时消失的效果。

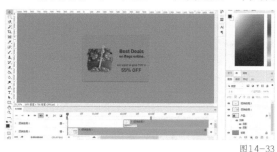

图14-33

图14-34

　　然后将时间线拖曳到产品和促销信息1最终消失的位置，创建位置关键帧。创建关键帧后，再复制视频起点处的关键帧，将其复制粘贴到消失点的关键帧上。产品和促销信息1最终完全显示的位置也需要创建关键帧，同样使用复制粘贴的方式设置关键帧。到这里产品促销视频的制作就完成了。扫描图14-35所示的二维码，观看产品促销视频案例的详细操作教学视频。

　　至此，动画与视频制作案例已讲解完毕。扫描图14-36所示二维码，可观看教学视频，回顾本节学习内容。

图14-35　　　　图14-36

本章模拟题

操作题

请在Photoshop中新建一个适用于视频编辑的文档，设置视频尺寸为HDV/HDTV 720p，并把背景设为透明，如图14-37所示。

图14-37

参考答案

（1）执行"文件-新建"命令。

（2）在"新建文档"对话框中选择"胶片和视频"。

（3）选择"HDV/HDTV 720p"预设格式。

（4）背景选择"透明"。

作业：镂空效果片头视频

使用提供的素材完成镂空效果片头视频。

核心知识点 创建视频时间轴、增加视频渐隐效果、创建关键帧、剪贴蒙版等

尺寸 视频素材原尺寸

时长 自定

颜色模式 RGB色彩模式

分辨率 72ppi

提供的素材

作业要求

（1）使用作业视频素材制作带镂空文字效果的短视频，视频需要体现出渐隐和关键帧变化效果。

（2）视频素材只允许使用提供的素材，文字和其他效果可以自行发挥，但需要保证画面整洁美观。

（3）提交MP4格式文件。

完成范例

第

15

课

动作和批处理

动作和批处理是Photoshop中提升工作效率的重要功能，可以减少重复操作，快速完成图片的批量处理。

本课通过实际案例讲解动作的创建与编辑，以及使用批处理的要点，帮助读者掌握批量处理图片的窍门。

第1节　动作的创建和编辑

日常工作中会经常遇到大量重复操作的情况，如将图片上传到电商平台时，需要将图片裁成一样的尺寸，或在处理画册图片时，需要将图片调整成统一的颜色风格，还有给图片统一加水印等。在处理的图片数量较少时，当然可以一张一张地操作，但图片的数量很多时，逐张操作的效率就太低了。想要一键就可以将同样的操作复制到其他的图片上，就需要用到Photoshop中的"格式刷"——动作。

下面通过一个案例来讲解动作的创建和编辑。首先打开提供的素材图片，如图15-1所示。这几张图片是需要上架商城来展示服装产品的。商城有统一的图片尺寸要求，需要图片的尺寸为1000×1000像素，因此需要对每一张图片进行尺寸的调整。因为对每张图片的操作是相同的，所以在这里就需要用到"动作"功能。

图15-1

执行"窗口-动作"命令，打开"动作"面板，如图15-2所示。在"动作"面板中有一个默认动作组，这个组的动作是系统预设的，在工作中用得比较少。

单击"创建新组"按钮，即可创建一个动作组，更改组的名称为"电商平台适配"，如图15-2所示。创建新组后，单击"创建动作"按钮，更改动作的名称为"调整尺寸"，单击"开始记录"按钮，如图15-3所示。"动作"面板下方的"记录"按钮变成了一个红点，代表系统已经开始记录动作，如图15-4所示。

图15-2

图15-2　　　　　　　　　　　　　　图15-3　　　　　　　　　　　　　　图15-4

由于图片的高度与宽度不同，所以首先需要更改画布大小，把图片变成正方形。执行"图像－画布大小"命令，将宽度更改为1920像素。将图片变成正方形后，执行"图像－图像大小"命令，将图片的尺寸更改为1000像素×1000像素。图片修改完成后效果如图15-5所示。单击"动作"面板上的"停止记录"按钮，动作就记录好了，如图15-6所示。

如果记录动作的过程中发生误操作，选中"动作"面板中的错误动作，将其删除即可。如果想要重新记录动作，再次单击"动作"面板中的"开始记录"按钮，再次操作即可。

记录完动作后还需要将其应用到其他图片上。应用的方法是打开其他图片，选中对应的动作，单击"播放"按钮。同时，动作还可以保存下来，反复使用。因为存储动作需要存储动作组，所以选中动作组，在"动作"面板的右上角菜单中选择"存储动作"选项，如图15-7所示，然后选择存储位置进行保存即可。

如果想要在其他电脑上使用这个动作，需要把动作载入软件。载入动作的方法是单击"动作"面板的右上角菜单，选择"载入动作"选项，在电脑上找到这个动作，单击"载入"按钮即可。

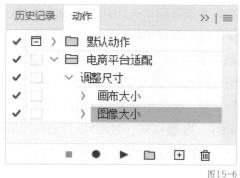

图15-5　　　　　　　　　　　　　　图15-6　　　　　　　　　　　　　　图15-7

至此，动作与批处理知识已讲解完毕。扫描图15-8所示二维码，可观看教学视频，回顾本节学习内容。

图15-8

第2节 批处理的操作

本节课要讲解的内容是批处理操作。设置好动作后，如果不想逐张图片单击"播放"按钮进行动作的操作，可以使用批处理命令。依然以上节课更改服装图片尺寸的案例为例。

首先执行"文件－自动－批处理"命令，打开"批处理"对话框，如图15-9所示。在对话框中可以选择需要的动作、图片的来源和导出的文件夹等，单击"确定"按钮后系统将开始批处理的操作。

图15-9

这个时候是否就可以去做其他的事情了呢？

答案是否定的。可以发现系统在自动关闭处理好的图片时，会出现提示保存图片的弹窗，也就说明此时还需要手动保存每张图片才能完成所有的操作。

想要解决这个问题，就需要勾选"覆盖动作中的'存储为'命令"选项。勾选这个选项时，会弹出一个提示，提示的内容大意是如果动作中存在"存储为"命令才可以进行覆盖，如果动作中没有"存储为"命令，那么勾选这个选项也是无效的。

因此，需要再次修改动作。随意打开一张图片，打开"动作"面板，选中"电商平台适配"动作组下的"调整尺寸"，增加"存储为"动作，并将动作保存下来。

再次打开批处理对话框，设置好动作、源文件夹、保存文件夹等，勾选"覆盖动作中的'存储为'命令"选项，再单击"确认"按钮，文件就自动处理好了。

至此，批处理的操作已讲解完毕。扫描图15-10所示二维码，可观看教学视频，回顾本节学习内容。

图15-10

本章模拟题

单选题

一个电商的项目需要将数百张图片调整为适合网页的颜色模式，宽度为800像素、高度不限。应如何在Photoshop中创建动作？

A.执行"图像–模式"命令，选择"RGB颜色（R）"；执行"图像–图像大小"命令，在弹出的"图像大小"对话框中修改宽度为800像素，并限制长宽比

B.执行"图像–图像大小"命令，在弹出的"图像大小"对话框中修改宽度为800像素，不约束长宽比例，重新采样选择为"临近（硬边缘）"

C.执行"图像–模式"命令，选择"RGB颜色（R）"；执行"图像–图像大小"命令，在弹出的"图像大小"对话框中修改分辨率为72像素/英寸

D.执行"图像–模式"命令，选择"RGB颜色（R）"；执行"图像–图像大小"命令，在弹出的"图像大小"对话框中修改高度为800像素

提示 1.动作是Photoshop中非常重要的一个功能，它可以详细记录处理图片的全过程，并且可以在其他的图片中使用，这有助于快速批量处理图片。

2.在对图片进行缩放时，为了避免图片失真，需要限制图片的长宽比。

参考答案

本题正确答案为A。

作业：给图片批量加水印（50张）

核心知识点 动作的设置和编辑、批处理

作业要求

（1）使用动作和批处理功能为提供的50张风景图片增加水印，水印为素材提供的"自然之美 LOGO"。

（2）增加水印的大小、位置需要保持一致。

提供的素材

完成范例

第 **16** 课

创意海报

本课将讲解打造创意作品的思路与方法，一方面引导读者通过看、思考和临摹优秀的作品来学习创意并总结提升创意的方法，其中包括用联想捕捉独特的细节、突出设计重点、打破常规和融合文化4种方法；另一方面讲解打造创意产品的实现过程，从确定创意内容、绘制草图、拍摄素材到执行创意方案。

前面的课程曾经讲过，只熟练掌握软件无法创作出好的作品，需要通过看、思考、临摹、创作4个步骤才能提升设计水平。在提升创作能力方面，参加比赛是一种很有效的方式。对于学生而言，可以参加的比赛大部分是平面设计比赛。平面设计比赛以广告比赛为主，广告比赛一般有指定的主题和合作商家的特定需求等。在广告作品中好的创意非常重要，好的创意可以更好地表达出创作者的情感，传达产品的卖点。

知识点1 创意方法

首先讲解一些提升创意的方法，这些方法是从大量优秀的广告作品中总结而来的。

用联想捕捉独特细节

自然和生活中有很多可以挖掘的小细节，发挥想象力，将产品的卖点和特色与细节联系起来，就能形成一个又一个有趣的创意。图16-1是获得2017年戛纳国际创意节金狮奖的一组鞋油的广告作品。创作者从名画联想到画作中的人物大多是半身像，通过给名画人物重新绘制光鲜亮丽的鞋子，补充了作品的细节，由此突出鞋油在人们生活中的重要性。

图16-1

突出设计重点

设计项目特别是广告项目一定有设计的重点，这个重点可能是需要宣传的产品，也可能是公司的理念等。思考创意时需要想办法突出设计的重点。图16-2所示的冰淇淋广告中，每个孩子摔倒的姿势各不相同，但有一个共同点，就是孩子宁愿摔跟头，也不愿意冰淇淋掉到地上，这样的设计可以让人一眼就察觉广告宣传的重点是冰淇淋。

图16-2

打破常规

一些与大众认知不一样的东西往往可以很快引起人们的注意。在人们的认知中,一般情况下躺着才能睡着,但在图16-3所示的这组作品中,人物站着就睡着了。人们在看作品时会去思考这个不同寻常现象背后的原因,再联系到画面宣传的产品是枕头,很快就能体会到是因为枕头太舒适,所以人站着就能睡着。这样的画面即使没有广告语,也能很好地表达出产品的卖点。

图16-3

在广告中比较常见的打破常规手法还有大小对比。图16-4所示的这组作品中,产品被设计得很大,而现实世界则很小,这样的对比设计能让观看作品的人一眼就注意到这个产品,吸引注意力。

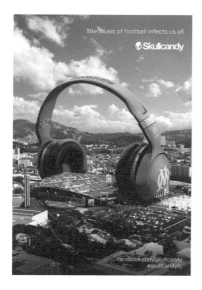

图16-4

融合文化

在广告创意中融入不同地区的文化，可以使当地人产生更多共鸣。图16-5是ABSOLUT牌伏特加酒的一组结合不同城市文化设计的广告。这一系列广告创造性地将伏特加酒瓶与城市文化相结合，既有趣又凸显企业的人文情怀。这个方法对设计师的知识储备提出了更高的要求，需要设计师不断提升自身的人文素养。

图16-5

知识点 2 打造创意作品的流程

打造创意作品的一般流程包括确定创意内容、绘制草图、拍摄（或制作）创意素材和执行创意方案。

确定创意内容

打造创意作品首先需要确定创意内容。构思创意内容时可以采取头脑风暴的方法，这个方法能帮助自身或团队发散思维，找到更多作品思路。在讨论的过程中需要抓住品牌的诉求和产品的卖点。

绘制草图

在具体的创意内容确定后，需要设计师把脑海中想象的画面绘制成设计草图，这个草图可以指导后面的素材收集、制作，以及最后的整合加工工作。图16-6是佳得乐广告的草图和最终成品对比，可以看到在草图阶段整个海报的画面已经确定下来了，这样在实现创意时就可以做得更加精准，少走弯路。

图16-6

拍摄（或制作）创意素材

　　好的创意通常需要制作和拍摄素材来实现，仅仅依靠网上收集的素材很难制作出准确、精致的视觉效果。拍摄或制作素材的阶段可能需要耗费大量的人力、物力和时间。以图16-7所示的2016年麦当劳广告为例，它的画面是用虚焦的方式对灯光进行拍摄，形成一些模糊、不对称的光点，以达到晚间朦胧的效果。这个创意看似简单，但工作量非常大，整个团队花费了10天来准备1000多米的LED灯，还使用了近80米的金属丝才搭建出不同的灯光，拍摄工作也用了整整两天才完成。

图16-7

执行创意方案

　　所有素材准备就绪，就可以执行创意方案了。这一步需要使用Photoshop等工具将素材调整、融合，加上打动人心的文案，最终形成完整的创意作品。

　　至此，创意海报知识已讲解完毕。扫描图16-8所示二维码，可观看教学视频，回顾本节学习内容。

图16-8

作业：保护海洋公益创意海报命题

从以下命题中选择一个，完成保护海洋公益创意海报的制作。

命题1：保护北冰洋

北冰洋是世界最小最浅又最冷的大洋，大致以北极圈为中心，位于地球最北端。当前北冰洋正面临着严峻的气候威胁。据各国多年观测，北冰洋冰面面积正在逐渐减少，多年来在北极上空的臭氧层也有季节性的破洞。研究预测北冰洋在2040年时会完全没有浮冰，这将是人类历史中第一次出现这样的情形。

北冰洋温度的提高会造成大量的融冰水进入北冰洋，也许会破坏全球的温盐环流，可能会对全球气候造成严重影响。因此，保护北冰洋刻不容缓。

命题2：世界海洋日

2008年12月5日第63届联合国大会通过第111号决议，决定自2009年起，每年的6月8日为"世界海洋日"。自2010年起，我国将"全国海洋宣传日"定在"世界海洋日"的同一天，并于每年的6月8日举办"世界海洋日暨全国海洋宣传日"活动。

2019年"世界海洋日暨全国海洋宣传日"的主题为"珍惜海洋资源 保护海洋生物多样性"。

设计要求

在上述命题中选择一个进行单幅公益海报设计，要求图文并茂，画面美观。设计表现形式主要以招贴海报为主。

设计尺寸 420mm×297mm
文件格式 JPG格式
颜色模式 CMYK模式
文件分辨率 300dpi

海报参考

学习完本书的内容，相信大家已经对Photoshop和设计已经产生了浓厚的探索欲望。Photoshop和设计的世界非常广阔，远不是本书内容可以涵盖的，为了帮助大家进一步提升能力，本书的创作团队还开发了以下深度进阶课程，毫无保留地分享行业一线经验。

名师曾宽——Camera Raw+Photoshop 拯救你的"废片"

在修图领域，将Camera Raw和Photoshop结合使用往往可以得到事半功倍的效果。该课程由本书作者、资深修图师曾宽主讲，针对摄影作品经常出现的各种问题，如构图问题、杂物、画面过亮、画面过暗等，分享了大量实用的修图技巧，帮助大家"变废为宝"。在解决问题之余，课程还将通过多个完整的修图案例讲解，帮助大家全面提升修图的能力。

注册登录"职场研究社"官网www.officeskill.cn,搜索"拯救废片"，即可获取本课程。

名师曾宽——Camera Raw+Photoshop 风格化大片制作揭秘

这是曾宽老师主讲的另一门修图进阶课，主要针对想要打造各种风格化作品的学习需求。本课程讲解深入透彻，从修图思路和原片分析讲起，再结合Camera Raw和Photoshop两大修图利器进行实操演示，让大家在大量的风格练习后能够迅速做到举一反三。

注册登录"职场研究社"官网www.officeskill.cn,搜索"风格化大片"，即可获取本课程。

关于设计，本书仅作为一个领路人讲解了一些基础的设计知识，因此本书创作团队还开发了"设计+"系列课程，带领大家深入学习版式、配色、字体等设计专题。首先跟大家见面的是版式设计课程。

设计+系列课程 让你零失误的版式设计入门课

设计提升没有捷径，只能在不断的观察、思考和实践中前进。本课程贯彻"多看、多想、多做"的设计学习理念，结合一线设计师多年实践经验，讲解版式设计中经典的"对齐、对比、亲密、重复"4个原则。相信通过大量形象生动的理论讲解和案例分析，加上完整的作品设计演示，大家一定能把高效实用的版式设计原理融会贯通于今后的创作之中。

注册登录"职场研究社"官网 www.officeskill.cn，搜索"设计+"，即可获取本课程。

在课程学习外，登录QQ，搜索群号"242016256"即可加入Photoshop设计交流群，与全国各地的设计爱好者和设计师一起交流学习经验，探讨设计技巧。群内还将不定期分享各类免费学习资源，如免费商用字体合集、插画师常用笔刷合集、PS实用动作合集等。

不要犹豫了，赶紧加入我们！